"十三五"普通高等教育规划教材

数学建模算法与应用习题解答

（第3版）

司守奎　孙玺菁　司宛灵　周刚　赵文飞　编著

国防工业出版社

·北京·

内容简介

本书是国防工业出版社出版的《数学建模算法与应用(第3版)》的配套书籍。本书给出了《数学建模算法与应用(第3版)》中全部习题的解答及程序设计。

本书的程序来自于教学实践,有许多经验心得体现在编程的技巧中。这些技巧不仅实用,也很有特色。书中提供了全部习题的程序,可以将这些程序直接作为工具箱来使用。

本书可作为讲授"数学建模"课程和辅导数学建模竞赛的教师的参考资料,也可作为学习《数学建模算法与应用(第3版)》的参考书。

图书在版编目(CIP)数据

数学建模算法与应用习题解答 / 司守奎等编著. ——
3版. ——北京:国防工业出版社,2025.2重印
ISBN 978-7-118-12298-5

Ⅰ. ①数… Ⅱ. ①司… Ⅲ. ①数学模型-算法-高等学校-题解 Ⅳ. ①O141.4-44

中国版本图书馆 CIP 数据核字(2021)第 039396 号

※

国防工业出版社 出版发行
(北京市海淀区紫竹院南路23号 邮政编码100048)
三河市天利华印刷装订有限公司印刷
新华书店经售

*

开本 787×1092 1/16 印张 10¾ 字数 245 千字
2025 年 2 月第 3 版第 6 次印刷 印数 45001—50000 册 定价 35.00 元

(本书如有印装错误,我社负责调换)

| 国防书店:(010)88540777 | 书店传真:(010)88540776 |
| 发行业务:(010)88540717 | 发行传真:(010)88540762 |

前 言

本书是国防工业出版社出版的《数学建模算法与应用(第3版)》的配套书籍。《数学建模算法与应用(第3版)》的前8章和后3章可以作为选修课的讲授内容,其余部分可以作为数学建模竞赛的培训内容。本书对第2版中的错误进行了修正,由于软件升级,对第2版中的全部程序进行了更新。

习题是消化领会教材和巩固所学知识的重要环节,是学习掌握数学建模理论和方法不可或缺的手段。学习数学建模的有效方法之一是实例研究,实例研究需要亲自动手,认真做一些题目,包括构造模型、设计算法、上机编程求解模型。本书提供了全部习题的程序,因而读者不仅可以从中学到解题的方法,还可以将这些程序直接作为工具箱来使用。

对于数学建模的一些综合性题目,本书提供的解答可以作为参考,因为这类题目的解答是不唯一的。读者应该努力开发自己的想象力和创造力,争取构造有特色的模型。作者希望学习数学建模的读者,对于这部分综合性题目不要先看本书给出的解答,可以等自己作出来之后,再与本书解答比对。

由于编著者水平有限,书中难免存在不妥或错误之处,恳请广大读者批评指正。

最后,编著者十分感谢国防工业出版社对本书出版所给予的大力支持,尤其是责任编辑丁福志的热情支持和帮助。

需要本书源程序电子文档的读者,可以用电子邮件联系索取。Email:896369667@qq.com,sishoukui@163.com。也可到国防工业出版社网站"资源下载"栏目下搜索下载。

编著者

2020年10月

目 录

第1章 线性规划习题解答 ·· 1
第2章 整数规划习题解答 ·· 12
第3章 非线性规划习题解答 ··· 30
第4章 图与网络模型及方法习题解答 ·· 38
第5章 插值与拟合习题解答 ··· 59
第6章 微分方程习题解答 ·· 68
第7章 数理统计习题解答 ·· 84
第8章 差分方程习题解答 ·· 91
第9章 支持向量机习题解答 ··· 99
第10章 多元分析习题解答 ·· 103
第11章 偏最小二乘回归分析习题解答 ··· 127
第12章 现代优化算法习题解答 ·· 133
第13章 数字图像处理习题解答 ·· 140
第14章 综合评价与决策方法习题解答 ··· 144
第15章 预测方法习题解答 ·· 151
第16章 多目标规划和目标规划习题解答 ·· 158
参考文献 ·· 165

第1章 线性规划习题解答

1.1 求解下列线性规划问题：
$$\max z = 3x_1 - x_2 - x_3,$$
$$\text{s. t.} \begin{cases} x_1 - 2x_2 + x_3 \leq 11, \\ -4x_1 + x_2 + 2x_3 \geq 3, \\ -2x_1 + x_3 = 1, \\ x_1, x_2, x_3 \geq 0. \end{cases}$$

解 求得
$$x_1 = 4, \quad x_2 = 1, \quad x_3 = 9, \quad z = 2.$$

（1）基于求解器求解的 Matlab 程序：

```
clc, clear
c = [3, -1, -1];
a = [1, -2, 1; 4, -1, -2]; b = [11,-3]';
aeq = [-2, 0, 1]; beq = 1;
[x,y] = linprog(-c,a,b,aeq,beq,zeros(3,1))
y = -y    %换算到目标函数最大化
```

（2）基于问题求解的 Matlab 程序：

```
clc, clear, c = [3, -1, -1];
a = [1, -2, 1; 4, -1, -2]; b = [11,-3]';
prob = optimproblem('ObjectiveSense','max');
x = optimvar('x',3,'LowerBound',0);
prob.Objective = c*x;
prob.Constraints.con1 = a*x<=b;
prob.Constraints.con2 = -2*x(1)+x(3)==1;
[sol, fval, flag, out] = solve(prob)
xx = sol.x   %显示决策变量的值
```

1.2 求解下列规划问题：
$$\min z = |x_1| + 2|x_2| + 3|x_3| + 4|x_4|,$$
$$\text{s. t.} \begin{cases} x_1 - x_2 - x_3 + x_4 = 0, \\ x_1 - x_2 + x_3 - 3x_4 = 1, \\ x_1 - x_2 - 2x_3 + 3x_4 = -\dfrac{1}{2}. \end{cases}$$

解 求得
$$x_1 = 0.25, \quad x_2 = 0, \quad x_3 = 0, \quad x_4 = -0.25, \quad z = 1.25.$$

（1）先把模型做变量替换，化成线性规划模型。

基于求解器求解的 Matlab 程序如下：

```
clc, clear
c=1:4; c=[c,c]';
aeq=[1 -1 -1 1; 1 -1 1 -3; 1 -1 -2 3];
beq=[0 1 -1/2];
aeq=[aeq,-aeq];
[uv,val]=linprog(c,[],[],aeq,beq,zeros(8,1))
x=uv(1:4)-uv(5:end)
```

（2）把问题看成是一个非线性规划问题，基于问题的 Matlab 求解程序如下：

```
clc, clear, c=1:4;
aeq=[1 -1 -1 1; 1 -1 1 -3; 1 -1 -2 3];
beq=[0 1 -1/2]';
x=optimvar('x',4); prob=optimproblem;
objfun=@(t)c*abs(t);
prob.Objective=fcn2optimexpr(objfun,x)
prob.Constraints.cons=aeq*x==beq;
x0.x=rand(1,4);
[sol,fval,flag,out]=solve(prob,x0)
xx=sol.x
```

1.3 某厂生产三种产品Ⅰ、Ⅱ、Ⅲ。每种产品要经过 A、B 两道工序加工。设该厂有两种规格的设备能完成 A 工序，以 A_1、A_2 表示；有三种规格的设备能完成 B 工序，它们以 B_1、B_2、B_3 表示。产品Ⅰ可在 A、B 任何一种规格设备上加工。产品Ⅱ可在任何规格的 A 设备上加工，但完成 B 工序时，只能在 B_1 设备上加工；产品Ⅲ只能在 A_2 与 B_2 设备上加工。已知在各种机床设备的单件工时，原材料费，产品销售价格，各种设备有效台时以及满负荷操作时机床设备的费用如表 1.1 所示，求安排最优的生产计划，使该厂利润最大。

表 1.1 生产的相关数据

设备	产品			设备有效台时	满负荷时的设备费用/元
	Ⅰ	Ⅱ	Ⅲ		
A_1	5	10		6000	300
A_2	7	9	12	10000	321
B_1	6	8		4000	250
B_2	4		11	7000	783
B_3	7			4000	200
原料费/(元/件)	0.25	0.35	0.50		
单价/(元/件)	1.25	2.00	2.80		

解 对产品Ⅰ来说，设以 A_1、A_2 完成 A 工序的产品分别为 x_1、x_2 件，转入 B 工序时，以 B_1、B_2、B_3 完成 B 工序的产品分别为 x_3、x_4、x_5 件；对产品Ⅱ来说，设以 A_1、A_2 完成 A 工

序的产品分别为 x_6、x_7 件，转入 B 工序时，以 B_1 完成 B 工序的产品为 x_8 件；对产品 III 来说，设以 A_2 完成 A 工序的产品为 x_9 件，则以 B_2 完成 B 工序的产品也为 x_9 件。由上述条件可得

$$x_1+x_2=x_3+x_4+x_5, \quad x_6+x_7=x_8.$$

由题目所给的数据可建立如下的线性规划模型：

$$\max z = (1.25-0.25)(x_1+x_2)+(2-0.35)x_8+(2.8-0.5)x_9$$
$$-\frac{300}{6000}(5x_1+10x_6)-\frac{321}{10000}(7x_2+9x_7+12x_9)$$
$$-\frac{250}{4000}(6x_3+8x_8)-\frac{783}{7000}(4x_4+11x_9)-\frac{200}{4000}\times 7x_5,$$

$$\text{s.t.} \begin{cases} 5x_1+10x_6\leqslant 6000, \\ 7x_2+9x_7+12x_9\leqslant 10000, \\ 6x_3+8x_8\leqslant 4000, \\ 4x_4+11x_9\leqslant 7000, \\ 7x_5\leqslant 4000, \\ x_1+x_2=x_3+x_4+x_5, \\ x_6+x_7=x_8, \\ x_i\geqslant 0, i=1,2,\cdots,9. \end{cases}$$

该题实际上应该为整数规划问题。对应整数规划的最优解为

$$x_1=1200, \quad x_2=230, \quad x_3=0, \quad x_4=859,$$
$$x_5=571, \quad x_6=0, \quad x_7=500, \quad x_8=500, \quad x_9=324.$$

最优值为 $z=1146.4142$ 元。

基于问题求解的 Matlab 程序如下：

```
clc, clear, format long g
x=optimvar('x',9,'Type','integer','LowerBound',0);
prob=optimproblem('ObjectiveSense','max');
prob.Objective=x(1)+x(2)+1.65*x(8)+2.3*x(9)-0.05*(5*x(1)+10*x(6))-...
    0.0321*(7*x(2)+9*x(7)+12*x(9))-25/400*(6*x(3)+8*x(8))-...
    783/7000*(4*x(4)+11*x(9))-0.35*x(5);
con1=[5*x(1)+10*x(6)<=6000
    7*x(2)+9*x(7)+12*x(9)<=10000,
    6*x(3)+8*x(8)<=4000
    4*x(4)+11*x(9)<=7000
    7*x(5)<=4000];
con2=[x(1)+x(2)==x(3)+x(4)+x(5), x(6)+x(7)==x(8)];
prob.Constraints.con1=con1;
prob.Constraints.con2=con2;
[sol,fval,flag]=solve(prob),
sol.x, format
```

1.4 一架货机有三个货舱：前舱、中仓和后舱。三个货舱所能装载的货物的最大质

量和体积有限制如表 1.2 所示。为了飞机的平衡,三个货舱装载的货物质量必须与其最大的容许量成比例。

表 1.2 货舱数据

	前 舱	中 仓	后 舱
重量限制/t	10	16	8
体积限制/m³	6800	8700	5300

现有四类货物用该货机进行装运,货物的规格以及装运后获得的利润如表 1.3 所示。

表 1.3 货物规格及利润表

	质量/t	空间/(m³/t)	利润/(元/t)
货物 1	18	480	3100
货物 2	15	650	3800
货物 3	23	580	3500
货物 4	12	390	2850

假设:

(1) 每种货物可以无限细分;

(2) 每种货物可以分布在一个或者多个货舱内;

(3) 不同的货物可以放在同一个货舱内,并且可以保证不留空隙。

问应如何装运,使货机飞行利润最大。

解 用 $i=1,2,3,4$ 分别表示货物 1、货物 2、货物 3 和货物 4;$j=1,2,3$ 分别表示前舱、中舱和后舱。设 $x_{ij}(i=1,2,3,4;j=1,2,3)$ 表示第 i 种货物装在第 j 个货舱内的质量,w_j,v_j $(j=1,2,3)$ 分别表示第 j 个舱的质量限制和体积限制,$a_i,b_i,c_i(i=1,2,3,4)$ 分别表示可以运输的第 i 种货物的质量,单位质量所占的空间和单位货物的利润。

(1) 目标函数。

$$z = c_1 \sum_{j=1}^{3} x_{1j} + c_2 \sum_{j=1}^{3} x_{2j} + c_3 \sum_{j=1}^{3} x_{3j} + c_4 \sum_{j=1}^{3} x_{4j} = \sum_{i=1}^{4} c_i \sum_{j=1}^{3} x_{ij}.$$

(2) 约束条件。

四种货物的重量约束

$$\sum_{j=1}^{3} x_{ij} \leq a_i, \quad i = 1,2,3,4.$$

三个货舱的质量限制

$$\sum_{i=1}^{4} x_{ij} \leq w_j, j = 1,2,3.$$

三个货舱的体积限制

$$\sum_{i=1}^{4} b_i x_{ij} \leq v_j, j = 1,2,3.$$

三个货舱装入货物的平衡限制

$$\frac{\sum_{i=1}^{4} x_{i1}}{10} = \frac{\sum_{i=1}^{4} x_{i2}}{16} = \frac{\sum_{i=1}^{4} x_{i3}}{8}.$$

综上所述，再加决策变量的非负性约束，建立如下线性规划模型：

$$\max z = \sum_{i=1}^{4} c_i \sum_{j=1}^{3} x_{ij},$$

$$\text{s.t.} \begin{cases} \sum_{j=1}^{3} x_{ij} \leq a_i, & i=1,2,3,4, \\ \sum_{i=1}^{4} x_{ij} \leq w_j, & j=1,2,3, \\ \sum_{i=1}^{4} b_i x_{ij} \leq v_j, & j=1,2,3, \\ \dfrac{\sum_{i=1}^{4} x_{i1}}{10} = \dfrac{\sum_{i=1}^{4} x_{i2}}{16} = \dfrac{\sum_{i=1}^{4} x_{i3}}{8}, \\ x_{ij} \geq 0, & i=1,2,3,4; j=1,2,3. \end{cases}$$

求得运输 4 种货物的吨数分别为 0t、15t、15.9474t、3.0526t，总利润为 1.2152×10^5 元。

(3) 基于求解器求解的 Matlab 程序。

使用 Matlab 基于求解器的求解方法求解，需要做变量替换，把二维决策变量化成一维决策变量，很不方便。

```
clc,clear
c = [3100;3800;3500;2850];
c = c * ones(1,3);
c = c(:);
a1 = zeros(4,12);
for i = 1:4
    a1(i,i:4:12) = 1;
end
b1 = [18;15;23;12];
a2 = zeros(3,12);
for i = 1:3
    a2(i,4*i-3:4*i) = 1;
end
b2 = [10 16 8]';
bb = [480;650;580;390];
a3 = zeros(3,12);
for j = 1:3
    a3(j,4*j-3:4*j) = bb;
end
```

```
b3 = [6800 8700 5300]';
a = [a1;a2;a3];b = [b1;b2;b3];
aeq = zeros(2,12);
aeq(1,1:4) = 1/10;
aeq(1,5:8) = -1/16;
aeq(2,5:8) = 1/16;
aeq(2,9:12) = -1/8;
beq = zeros(2,1);
[x,y] = linprog(-c,a,b,aeq,beq,zeros(12,1));
x = reshape(x,[4,3]);
x = sum(x'),y = -y
```

（4）基于问题求解的 Matlab 程序。

```
clc,clear
a = [18 15 23 12]'; b = [480 650 580 390];
c = [3100 3800 3500 2850]; w = [10 16 8]';
v = [6800  8700  5300]';    % 注意区分向量的写法与决策向量的匹配
prob = optimproblem('ObjectiveSense','max');
x = optimvar('x',4,3,'LowerBound',0);
prob.Objective = c * sum(x,2);
con1 = [sum(x,2)<=a; sum(x)'<=w; (b*x)'<=v];
con2 = [sum(x(:,1))/10 == sum(x(:,2))/16
    sum(x(:,2))/16 == sum(x(:,3))/8];
prob.Constraints.con1 = con1;
prob.Constraints.con2 = con2;
[sol,fval,flag] = solve(prob)
sol.x,y = sum(sol.x,2)     % 输出四种货物的数量
```

1.5 某部门在今后五年内考虑给下列项目投资，已知：

项目 A，从第一年到第四年每年年初需要投资，并于次年末回收本利 115%；

项目 B，从第三年初需要投资，到第五年末能回收本利 125%，但规定最大投资额不超过 4 万元；

项目 C，第二年初需要投资，到第五年末能回收本利 140%，但规定最大投资额不超过 3 万元；

项目 D，五年内每年初可购买公债，于当年末归还，并加利息 6%。

该部门现有资金 10 万元，问它应如何确定给这些项目每年的投资额，使到第五年年末拥有的资金的本利总额最大。

解 用 $j=1,2,3,4$ 分别表示项目 A、B、C、D，用 $x_{ij}(i=1,2,3,4,5)$ 分别表示第 i 年年初给项目 A、B、C、D 的投资额。根据给定的条件，对于项目 A 存在变量 $x_{11},x_{21},x_{31},x_{41}$；对于项目 B 存在变量 x_{32}；对于项目 C 存在变量 x_{23}；对于项目 D 存在变量 $x_{14},x_{24},x_{34},x_{44},x_{54}$。

该部门每年应把资金全部投出去，手中不应当有剩余的呆滞资金。

第一年的资金分配为

$$x_{11}+x_{14}=100000.$$

第二年年初部门拥有的资金是项目 D 在第一年末回收的本利,于是第二年的资金分配为

$$x_{21}+x_{23}+x_{24}=1.06x_{14}.$$

第三年年初部门拥有的资金是项目 A 第一年投资及项目 D 第二年投资中回收的本利总和。于是第三年的资金分配为

$$x_{31}+x_{32}+x_{34}=1.15x_{11}+1.06x_{24}.$$

类似地可得第四年的资金分配为

$$x_{41}+x_{44}=1.15x_{21}+1.06x_{34}.$$

第五年的资金分配为

$$x_{54}=1.15x_{31}+1.06x_{44}.$$

此外,项目 B、C 的投资额限制,即

$$x_{32}\leqslant 40000, \quad x_{23}\leqslant 30000.$$

问题是要求在第五年年末该部门手中拥有的资金额达到最大,目标函数可表示为

$$\max z=1.15x_{41}+1.40x_{23}+1.25x_{32}+1.06x_{54}.$$

综上所述,数学模型为

$$\max z=1.15x_{41}+1.40x_{23}+1.25x_{32}+1.06x_{54},$$

$$\text{s.t.} \begin{cases} x_{11}+x_{14}=100000, \\ x_{21}+x_{23}+x_{24}=1.06x_{14}, \\ x_{31}+x_{32}+x_{34}=1.15x_{11}+1.06x_{24}, \\ x_{41}+x_{44}=1.15x_{21}+1.06x_{34}, \\ x_{54}=1.15x_{31}+1.06x_{44}, \\ x_{32}\leqslant 40000, x_{23}\leqslant 30000, \\ x_{ij}\geqslant 0, \quad i=1,2,3,4,5; j=1,2,3,4. \end{cases}$$

利用 Matlab 求得

$x_{11}=34782.61, x_{14}=65217.39; x_{21}=39130.43, x_{23}=30000; x_{32}=40000; x_{41}=45000;$ 其他 $x_{ij}=0$。

目标函数的最大值为 143750 元。

基于问题求解的 Matlab 程序如下:

```
clc,clear
prob=optimproblem('ObjectiveSense','max')
x=optimvar('x',5,4,'LowerBound',0)
prob.Objective=1.15*x(4,1)+1.4*x(2,3)+1.25*x(3,2)+1.06*x(5,4);
con1=[x(1,1)+x(1,4)==100000
x(2,1)+x(2,3)+x(2,4)==1.06*x(1,4)
x(3,1)+x(3,2)+x(3,4)==1.15*x(1,1)+1.06*x(2,4)
x(4,1)+x(4,4)==1.15*x(2,1)+1.06*x(3,4)
x(5,4)==1.15*x(3,1)+1.06*x(4,4)];
con2=[x(3,2)<=40000; x(2,3)<=30000];
```

```
prob.Constraints.con1=con1;
prob.Constraints.con2=con2;
[sol,fval,flag]=solve(prob),sol.x
```

1.6 食品厂用三种原料生产两种糖果,糖果的成分要求和销售价见表1.4。

表1.4 糖果有关数据

	原料A	原料B	原料C	价格/(元/kg)
高级奶糖	≥50%	≥25%	≤10%	24
水果糖	≤40%	≤40%	≥15%	15

各种原料的可供量和成本见表1.5。

表1.5 各种原料数据

原 料	可供量/kg	成本/(元/kg)
A	600	20
B	750	12
C	625	8

该厂根据订单至少需要生产600kg高级奶糖、800kg水果糖,为求最大利润,试建立线性规划模型并求解。

解 用$i=1,2$分别表示高级奶糖和水果糖,用$j=1,2,3$分别表示原料A、B、C。设x_{ij} ($i=1,2;j=1,2,3$)表示生产第i种糖用的第j种原料的量,a_i表示第i种糖果的需求量,b_j表示第j种原料的可供量。

总利润为销售总收入与原料总成本之差,总利润为

$$z = 24(x_{11}+x_{12}+x_{13}) + 15(x_{21}+x_{22}+x_{23}) - 20(x_{11}+x_{21}) - 12(x_{12}+x_{22}) - 8(x_{13}+x_{23})$$
$$= 4x_{11}+12x_{12}+16x_{13}-5x_{21}+3x_{22}+7x_{23}.$$

因而建立如下的线性规划模型:

$$\max z = 4x_{11}+12x_{12}+16x_{13}-5x_{21}+3x_{22}+7x_{23},$$

$$\text{s.t.} \begin{cases} \sum_{j=1}^{3} x_{ij} \geq a_i, & i=1,2, \\ \sum_{i=1}^{2} x_{ij} \leq b_j, & j=1,2,3, \\ x_{11} \geq 50\%(x_{11}+x_{12}+x_{13}), \\ x_{12} \geq 25\%(x_{11}+x_{12}+x_{13}), \\ x_{13} \leq 10\%(x_{11}+x_{12}+x_{13}), \\ x_{21} \leq 40\%(x_{21}+x_{22}+x_{23}), \\ x_{22} \leq 40\%(x_{21}+x_{22}+x_{23}), \\ x_{23} \geq 15\%(x_{21}+x_{22}+x_{23}), \\ x_{ij} \geq 0, & i=1,2;j=1,2,3. \end{cases}$$

求得生产高级奶糖1175kg,水果糖800kg,最大利润为14200元。

基于问题求解的Matlab程序如下:

```
clc,clear
prob=optimproblem('ObjectiveSense','max')
x=optimvar('x',2,3,'LowerBound',0)
a=[600,800]'; b=[600;750;625];
c=[4,12,16;-5,3,7];
prob.Objective=sum(sum(c.*x));
con=[a<=sum(x,2); (sum(x))'<=b
    0.5*sum(x(1,:))<=x(1,1)
    0.25*sum(x(1,:))<=x(1,2)
    x(1,3)<=0.1*sum(x(1,:))
    x(2,1)<=0.4*sum(x(2,:))
    x(2,2)<=0.4*sum(x(2,:))
    0.15*sum(x(2,:))<=x(2,3)]
prob.Constraints.con = con;
[sol,fval]=solve(prob), sol.x
sx = sum(sol.x,2)     % 计算两种糖的生产量
```

1.7 求解下列线性规划问题,其中矩阵 $A=(a_{ij})_{100\times150}$ 中的元素 a_{ij} 为 $[0,10]$ 上的随机整数。

$$\max v,$$

$$\text{s.t.} \begin{cases} \sum_{i=1}^{100} a_{ij}x_i \geq v, & j=1,2,\cdots,150, \\ \sum_{i=1}^{100} x_i = 100, \\ x_i \geq 0, & i=1,2,\cdots,100. \end{cases}$$

解 下述程序求得目标函数的最优值为485.1882。

```
clc,clear
rng(0)    % 进行一致性比较,生成相同的随机数
A = randi([0,10],100,150);
prob=optimproblem('ObjectiveSense','max');
x=optimvar('x',100,'LowerBound',0);
v=optimvar('v'); prob.Objective = v;
prob.Constraints.con1 = A'*x>=v;
prob.Constraints.con2 = sum(x)==100;
[sol, fval, flag]=solve(prob), sol.x
```

1.8 求解例1.9中的模型二。

解 设 $x_{n+1} = \max\limits_{1\leq i\leq n}\{q_ix_i\}$,则模型二可以线性化为

$$\min x_{n+1},$$

$$\text{s.t.} \begin{cases} q_i x_i \leq x_{n+1}, & i=1,2,\cdots,n, \\ \sum_{i=0}^{n}(r_i - p_i)x_i \geq k_M, \\ \sum_{i=0}^{n}(1+p_i)x_i = M, \\ x_i \geq 0, & i=0,1,\cdots,n. \end{cases}$$

取 $M=1$，代入已知数据得到下面的模型：

$$\min x_5,$$

$$\text{s.t.} \begin{cases} 0.025x_1 - x_5 \leq 0, \\ 0.015x_2 - x_5 \leq 0, \\ 0.055x_3 - x_5 \leq 0, \\ 0.026x_4 - x_5 \leq 0, \\ -0.05x_0 - 0.27x_1 - 0.19x_2 - 0.185x_3 - 0.185x_4 \leq -k, \\ x_0 + 1.01x_1 + 1.02x_2 + 1.045x_3 + 1.065x_4 = 1, \\ x_i \geq 0, \quad i=0,1,\cdots,5. \end{cases}$$

将 k 赋值为 0.05，以 0.005 步长迭代，收益 Q 与风险 V 的关系见图 1.1，从图中可以看到收益在 0.21 之后，风险增长率较大，所以为了规避风险，将收益定在 0.21。

当收益 $Q = 0.2055$ 时，$x_0 = 0$，$x_1 = 0.3089$，$x_2 = 0.5148$，$x_3 = 0.1404$，$x_4 = 0.0152$；最小风险为 0.0077。

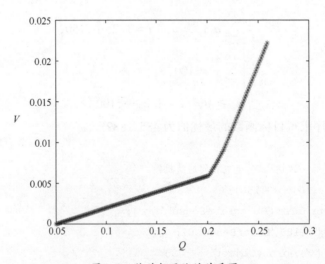

图 1.1 收益与风险的关系图

```
clc,clear,close all, prob = optimproblem;
x = optimvar('x',6,'LowerBound',0);
r = [0.05,0.28,0.21,0.23,0.25];        % 收益率
p = [0, 0.01, 0.02, 0.045, 0.065];     % 交易费率
```

```
q=[0.025, 0.015, 0.055, 0.026]';        % 风险损失率
prob.Objective=x(6); k=0.05;
V = [];                                  % 风险初始化
Q = [];                                  % 净收益初值化
X = [];                                  % 最优解的初始化
while k<0.26
    prob.Constraints.con1 = [q.*x(2:5)<=x(6)
        (p-r)*x(1:end-1)<=-k];
    prob.Constraints.con2 = (1+p)*x(1:end-1)==1;
    [sol, fval] = solve(prob); xx=sol.x;
    V=[V,max(q.*xx(2:end-1))]; X=[X; xx'];
    Q=[Q, (r-p)*xx(1:end-1)]; k=k+0.001;
end
plot(Q, V, '*r')
xlabel('$Q$','Interpreter','Latex')
ylabel('$V$','Interpreter','Latex','rotation',0)
ind = find(Q>=0.21,1);
sx = X(ind,1:end-1), v = V(ind)
```

第 2 章 整数规划习题解答

2.1 试将下述非线性的 0-1 规划问题转换成线性的 0-1 规划问题：
$$\max z = x_1 + x_1 x_2 - x_3,$$
$$\text{s. t.} \begin{cases} -2x_1 + 3x_2 + x_3 \leq 3, \\ x_j = 0 \text{ 或 } 1, \quad j=1,2,3. \end{cases}$$

解 做变量替换 $y = x_1 x_2$，则有如下关系：
$$x_1 + x_2 - 1 \leq y \leq x_1,$$
$$x_1 + x_2 - 1 \leq y \leq x_2,$$

从而可以得到如下的线性 0-1 规划：
$$\max z = x_1 + y - x_3,$$
$$\text{s. t.} \begin{cases} -2x_1 + 3x_2 + x_3 \leq 3, \\ x_1 + x_2 - 1 \leq y \leq x_1, \\ x_1 + x_2 - 1 \leq y \leq x_2, \\ x_j = 0 \text{ 或 } 1, \quad j=1,2,3, \\ y = 0 \text{ 或 } 1. \end{cases}$$

2.2 某市为方便小学生上学，拟在新建的 8 个居民小区 $A_1, A_2, \cdots, A_8$ 增设若干所小学，经过论证知备选校址有 $B_1, B_2, \cdots, B_6$，它们能够覆盖的居民小区如表 2.1 所示。

表 2.1 校址选择数据

备选校址	B_1	B_2	B_3	B_4	B_5	B_6
覆盖的居民小区	A_1, A_5, A_7	A_1, A_2, A_5, A_8	A_1, A_3, A_5	A_2, A_4, A_8	A_3, A_6	A_4, A_6, A_8

试建立一个数学模型，确定出最小个数的建校地址，使其能覆盖所有的居民小区。

解 令
$$x_i = \begin{cases} 1, & \text{在备选校址 } B_i \text{ 建学校}, \\ 0, & \text{在备选校址 } B_i \text{ 不建学校}. \end{cases}$$

（1）小区 A_1 可以被备选校址 B_1、B_2、B_3 处所建的学校覆盖，则有约束条件
$$x_1 + x_2 + x_3 \geq 1.$$

（2）小区 A_2 可以被备选校址 B_2、B_4 处所建的学校覆盖，则有约束条件
$$x_2 + x_4 \geq 1.$$

（3）小区 A_3 可以被备选校址 B_3、B_5 处所建的学校覆盖，则有约束条件
$$x_3 + x_5 \geq 1.$$

（4）小区 A_4 可以被备选校址 B_4、B_6 处所建的学校覆盖，则有约束条件

$$x_4+x_6 \geq 1.$$

(5) 小区 A_5 可以被备选校址 B_1、B_2、B_3 处所建的学校覆盖,则有约束条件
$$x_1+x_2+x_3 \geq 1.$$

(6) 小区 A_6 可以被备选校址 B_5、B_6 处所建的学校覆盖,则有约束条件
$$x_5+x_6 \geq 1.$$

(7) 小区 A_7 可以被备选校址 B_1 处所建的学校覆盖,则有约束条件
$$x_1 \geq 1.$$

(8) 小区 A_8 可以被备选校址 B_2、B_4、B_6 处所建的学校覆盖,则有约束条件
$$x_2+x_4+x_6 \geq 1.$$

综上所述,建立如下的 0-1 整数规划模型:

$$\min \sum_{i=1}^{6} x_i,$$

$$\text{s. t.} \begin{cases} x_1+x_2+x_3 \geq 1, \\ x_2+x_4 \geq 1, \\ x_3+x_5 \geq 1, \\ x_4+x_6 \geq 1, \\ x_5+x_6 \geq 1, \\ x_1 \geq 1, \\ x_2+x_4+x_6 \geq 1, \\ x_i=0 \text{ 或 } 1, \quad i=1,2,\cdots,8. \end{cases}$$

求得在备选校址 B_1、B_4、B_5 处建小学。

基于问题求解的 Matlab 程序如下:

```
clc,clear
x=optimvar('x',6,'Type','integer','LowerBound',0,'UpperBound',1)
prob=optimproblem; prob.Objective=sum(x);
cons=[x(1)+x(2)+x(3)>=1; x(2)+x(4)>=1; x(3)+x(5)>=1
    x(4)+x(6)>=1; x(5)+x(6)>=1; x(1)>=1
    x(2)+x(4)+x(6)>=1];
prob.Constraints.cons=cons;
[sol,fval,flag]=solve(prob),  sol.x
```

2.3 某公司新购置了某种设备 6 台,欲分配给下属的 4 个企业,每个企业至少获订一台设备,已知各企业获得这种设备后年创利润如表 2.2 所示,单位为千万元。问应如何分配这些设备能使年创总利润最大,最大利润是多少?

表 2.2 各企业获得设备的年创利润数 单位:千万元

设备＼企业	甲	乙	丙	丁
1	4	2	3	4
2	6	4	5	5

(续)

设备 \ 企业	甲	乙	丙	丁
3	7	6	7	6
4	7	8	8	6
5	7	9	8	6
6	7	10	8	6

解 用 $j=1,2,3,4$ 分别表示甲、乙、丙、丁 4 个企业，c_{ij} 表示第 $i(i=1,2,\cdots,6)$ 台设备分配给第 j 个企业创造的利润，引进 0-1 变量

$$x_{ij}=\begin{cases}1, & \text{第 }i\text{ 台设备分配给第 }j\text{ 个企业},\\ 0, & \text{第 }i\text{ 台设备不分配给第 }j\text{ 个企业},\end{cases} \quad i=1,2,\cdots,6;\ j=1,2,3,4.$$

则问题的数学模型为

$$\max \sum_{i=1}^{6}\sum_{j=1}^{4} c_{ij}x_{ij},$$

$$\text{s. t.}\begin{cases}\sum_{i=1}^{6} x_{ij}\geq 1, & j=1,2,3,4,\\ \sum_{j=1}^{4} x_{ij}=1, & i=1,2,\cdots,6,\\ x_{ij}=0\text{ 或 }1, & i=1,2,\cdots,6; j=1,2,3,4.\end{cases}$$

求得 $x_{14}=x_{21}=x_{33}=x_{42}=x_{52}=x_{62}=1$，其他 $x_{ij}=0$。最大利润为 44。

基于问题求解的 Matlab 程序如下：

```
clc, clear, c=load('data2_3.txt');
x=optimvar('x',6,4,'Type','integer','LowerBound',0,'UpperBound',1)
prob=optimproblem('ObjectiveSense','max')
prob.Objective=sum(sum(c.*x));
prob.Constraints.cons1=sum(x,1)>=1;
prob.Constraints.cons2=sum(x,2)==1
[sol,fval,flag]=solve(prob), sol.x
```

2.4 有一场由 4 个项目(高低杠、平衡木、跳马、自由体操)组成的女子体操团体赛，赛程规定：每个队最多允许 10 名运动员参赛，每一个项目可以有 6 名选手参加。每个选手参赛的成绩评分从高到低依次为 10、9.9、9.8、⋯、0.1、0。每个代表队的总分是参赛选手所得总分之和，总分最多的代表队为优胜者。此外，还规定每个运动员只能参加全能比赛(4 项全参)与单项比赛这两类中的一类，参加单项比赛的每个运动员至多只能参加 3 个单项。每个队应有 4 人参加全能比赛，其余运动员参加单项比赛。

现某代表队的教练已经对其所带领的 10 名运动员参加各个项目的成绩进行了大量测试，教练发现每个运动员在每个单项上的成绩稳定在 4 个得分上(表 2.3)，她们得到这些成绩的相应概率也由统计得出(见表中第二个数据。例如 8.4~0.15 表示取得 8.4 分的概率为 0.15)。试解答以下问题：

表2.3 运动员各项目得分及概率分布表

项目\运动员	1	2	3	4	5
高低杠	8.4~0.15 9.5~0.5 9.2~0.25 9.4~0.1	9.3~0.1 9.5~0.1 9.6~0.6 9.8~0.2	8.4~0.1 8.8~0.2 9.0~0.6 10~0.1	8.1~0.1 9.1~0.5 9.3~0.3 9.5~0.1	8.4~0.15 9.5~0.5 9.2~0.25 9.4~0.1
平衡木	8.4~0.1 8.8~0.2 9.0~0.6 10~0.1	8.4~0.15 9.0~0.5 9.2~0.25 9.4~0.1	8.1~0.1 9.1~0.5 9.3~0.3 9.5~0.1	8.7~0.1 8.9~0.2 9.1~0.6 9.9~0.1	9.0~0.1 9.2~0.1 9.4~0.6 9.7~0.2
跳马	9.1~0.1 9.3~0.1 9.5~0.6 9.8~0.2	8.4~0.1 8.8~0.2 9.0~0.6 10~0.1	8.4~0.15 9.5~0.5 9.2~0.25 9.4~0.1	9.0~0.1 9.4~0.1 9.5~0.5 9.7~0.3	8.3~0.1 8.7~0.1 8.9~0.6 9.3~0.2
自由体操	8.7~0.1 8.9~0.2 9.1~0.6 9.9~0.1	8.9~0.1 9.1~0.1 9.3~0.6 9.6~0.2	9.5~0.1 9.7~0.1 9.8~0.6 10~0.2	8.4~0.1 8.8~0.2 9.0~0.6 10~0.1	9.4~0.1 9.6~0.1 9.7~0.6 9.9~0.2

项目\运动员	6	7	8	9	10
高低杠	9.4~0.1 9.6~0.1 9.7~0.6 9.9~0.2	9.5~0.1 9.7~0.1 9.8~0.6 10~0.2	8.4~0.1 8.8~0.2 9.0~0.6 10~0.1	8.4~0.15 9.5~0.5 9.2~0.25 9.4~0.1	9.0~0.1 9.2~0.1 9.4~0.6 9.7~0.2
平衡木	8.7~0.1 8.9~0.2 9.1~0.6 9.9~0.1	8.4~0.1 8.8~0.2 9.0~0.6 10~0.1	8.8~0.05 9.2~0.05 9.8~0.5 10~0.4	8.4~0.1 8.8~0.2 9.2~0.6 9.8~0.2	8.1~0.1 9.1~0.5 9.3~0.3 9.5~0.1
跳马	8.5~0.1 8.7~0.1 8.9~0.5 9.1~0.3	8.3~0.1 8.7~0.1 8.9~0.6 9.3~0.2	8.7~0.1 8.9~0.2 9.1~0.6 9.9~0.1	8.4~0.1 8.8~0.2 9.0~0.6 10~0.1	8.2~0.1 9.2~0.5 9.4~0.3 9.6~0.1
自由体操	8.4~0.15 9.5~0.5 9.2~0.25 9.4~0.1	8.4~0.1 8.8~0.2 9.2~0.6 9.8~0.2	8.2~0.1 9.3~0.5 9.5~0.3 9.8~0.1	9.3~0.1 9.5~0.1 9.7~0.5 9.9~0.3	9.1~0.1 9.3~0.1 9.5~0.6 9.8~0.2

(1) 每个选手的各单项得分按最悲观估算,在此前提下,请为该队排出一个出场阵容,使该队团体总分尽可能高;每个选手的各单项得分按均值估算,在此前提下,请为该队排出一个出场阵容,使该队团体总分尽可能高。

(2) 若对以往的资料及近期各种信息进行分析得到:本次夺冠的团体总分估计不少于236.2分,该队为了夺冠应排出怎样的阵容?以该阵容出战,其夺冠的前景如何?得分前景(即期望值)又如何?它有90%的把握战胜怎样水平的对手?

解 (1) 记 $i=1,2,3,4$ 分别表示高低杠、平衡木、跳马、自由体操4项运动。引进决策变量

$$x_{ij} = \begin{cases} 1, & \text{第 } j \text{ 个人参加第 } i \text{ 个项目,} \\ 0, & \text{第 } j \text{ 个人不参加第 } i \text{ 个项目,} \end{cases} \quad i=1,2,3,4;\ j=1,2,\cdots,10.$$

c_{ij} 表示在某种情形下第 j 个人参加第 i 个项目的得分。

建立如下的非线性整数规划模型

$$\max \sum_{i=1}^{4} \sum_{j=1}^{10} c_{ij} x_{ij},$$

$$\text{s.t.} \begin{cases} \sum_{j=1}^{10} x_{ij} = 6, & i=1,2,3,4, \\ \sum_{j=1}^{10} \prod_{i=1}^{4} x_{ij} = 4. \end{cases}$$

下面我们巧妙地引进 0-1 变量

$$y_j = \begin{cases} 1, & \text{第 } j \text{ 人参加全能比赛,} \\ 0, & \text{第 } j \text{ 人不参加全能比赛,} \end{cases} \quad j=1,2,\cdots,10,$$

把上述非线性整数规划模型线性化为如下 0-1 整数线性规划模型:

$$\max \sum_{i=1}^{4} \sum_{j=1}^{10} c_{ij} x_{ij}$$

$$\text{s.t.} \begin{cases} \sum_{j=1}^{10} x_{ij} = 6, & i=1,2,3,4, \\ 4y_j \leq \sum_{i=1}^{4} x_{ij} \leq 3+y_j, & j=1,2,\cdots,10, \\ \sum_{j=1}^{10} y_j = 4. \end{cases}$$

利用 Matlab 软件求得,在最悲观情形下最后的总得分为 212.3 分;在均值情形下最后的总得分为 225.1 分。

使用 Matlab 进行计算时,首先把原始的 4 个项目,10 个人的数据放在纯文件 data2_4_1.txt 中,其中把分数和概率之间的符号"~"替换成空格。

计算的 Matlab 程序如下:

```
clc, clear, a=load('data2_4.txt');
fen=a(:,[1:2:20]); gai=a(:,[2:2:20]);
for i=1:4
    for j=1:10
        low(i,j)=fen(4*i-3,j);                        % 提出最低分
        zhun(i,j)=fen(4*i-3:4*i,j)'*gai(4*i-3:4*i,j); % 计算均分
    end
end
x=optimvar('x',4,10,'Type','integer','LowerBound',0,'UpperBound',1);
y=optimvar('y',10,'Type','integer','LowerBound',0,'UpperBound',1);
prob1=optimproblem('ObjectiveSense','max');
prob1.Objective=sum(sum(low.*x));
```

```
con1 = [sum(x,2) = = 6; sum(y) = = 4];
con2 = [4*y<=sum(x,1)'; sum(x,1)'<=3+y];
prob1.Constraints.con1 = con1; prob1.Constraints.con2 = con2;
[sol1,fval1,flag1] = solve(prob1)
prob2 = optimproblem('ObjectiveSense','max');
prob2.Objective = sum(sum(zhun.*x));
prob2.Constraints.con1 = con1; prob2.Constraints.con2 = con2;
[sol2,fval2,flag2] = solve(prob2)
```

（2）我们把团体总分 236.2 作为一个约束条件,得分的概率作为目标函数,建立 0-1 整数规划模型。用 $k=1,2,3,4$ 记运动员参加项目得到了第 k 种得分, a_{ijk} 和 b_{ijk} 分别表示第 j 个运动员参加第 i 个项目得到的第 k 种得分值及概率。记 p_{ij} 为运动员 j 参加第 i 个项目的某种得分的概率。

引进 0-1 变量

$$z_{ijk} = \begin{cases} 1, & \text{运动员 } j \text{ 参加项目 } i \text{ 得到 } a_{ijk} \text{ 分,} \\ 0, & \text{运动员 } j \text{ 参加 } i \text{ 项目没得到 } a_{ijk} \text{ 分,} \end{cases}$$

建立如下的整数规划模型：

$$\max \prod_{i=1}^{4} \prod_{j=1}^{10} p_{ij}^{x_{ij}},$$

$$\text{s.t.} \begin{cases} \sum_{j=1}^{10} x_{ij} = 6, \quad i=1,2,3,4, \\ 4y_j \leq \sum_{i=1}^{4} x_{ij} \leq 3 + y_j, \quad j=1,2,\cdots,10, \\ \sum_{j=1}^{10} y_j = 4, \\ p_{ij} = \sum_{k=1}^{4} b_{ijk} z_{ijk}, i=1,2,3,4; j=1,2,\cdots,10, \\ c_{ij} = \sum_{k=1}^{4} a_{ijk} z_{ijk}, i=1,2,3,4; j=1,2,\cdots,10, \\ \sum_{i=1}^{4} \sum_{j=1}^{10} c_{ij} x_{ij} \geq 236.2, \\ \sum_{j=1}^{4} z_{ijk} \leq 1, i=1,2,3,4; j=1,2,\cdots,10, \\ x_{ij} = \sum_{k=1}^{4} z_{ijk}, \quad i=1,2,3,4; j=1,2,\cdots,10. \end{cases}$$

为便于 Lingo 求解,把目标函数 $\max \prod_{i=1}^{4} \prod_{j=1}^{10} p_{ij}^{x_{ij}}$ 等价地改写为 $\max \sum_{i=1}^{4} \sum_{j=1}^{10} x_{ij} \ln(p_{ij})$;把约束条件修改为

$$\text{s. t.} \begin{cases} \sum_{j=1}^{10} x_{ij} = 6, \quad i = 1,2,3,4, \\ 4y_j \leq \sum_{i=1}^{4} x_{ij} \leq 3 + y_j, \quad j = 1,2,\cdots,10, \\ \sum_{j=1}^{10} y_j = 4, \\ p_{ij} = \sum_{k=1}^{4} b_{ijk} z_{ijk}, i = 1,2,3,4; j = 1,2,\cdots,10, \\ c_{ij} = \sum_{k=1}^{4} a_{ijk} z_{ijk}, i = 1,2,3,4; j = 1,2,\cdots,10, \\ \sum_{i=1}^{4} \sum_{j=1}^{10} c_{ij} x_{ij} \geq 236.2, \\ \sum_{k=1}^{4} z_{ijk} = 1, i = 1,2,3,4; j = 1,2,\cdots,10. \end{cases}$$

可得目标函数的最大值为 $P = 6.912 \times 10^{-19}$，说明该队无论以什么阵容出场，获得冠军几乎是不可能的。根据每个运动员参加每个项目的得分均值，可以得到以该阵容出场时得分的数学期望为 222.9。

记 C_{ij} 为第 j 个人参加第 i 个项目的得分的随机变量，总得分随机变量

$$S = \sum_{i=1}^{4} \sum_{j=1}^{10} x_{ij} C_{ij}.$$

我们假设总得分 S 服从正态分布，类似地可以求得最乐观情形下，该队的总得分为 236.9。所以 $S \in [212.3, 236.9]$。

易知各个 C_{ij} 均为相互独立的随机变量，所以总分的期望值

$$E(S) = \sum_{i=1}^{4} \sum_{j=1}^{10} x_{ij} E(C_{ij}),$$

总分的方差为

$$D(S) = \sum_{i=1}^{4} \sum_{j=1}^{10} x_{ij} D(C_{ij}).$$

上面已求出 $E(S) = 222.9$，计算得

$$D(S) = \sum_{i=1}^{4} \sum_{j=1}^{10} x_{ij} (E(C_{ij}^2) - (E(C_{ij}))^2) = 2.309.$$

要求出以上述阵容出场有 90% 把握得到的分数，就是求 s，满足 $P\{S \geq s\} = 0.9$。由中心极限定理得

$$P\{S \geq s\} = P\left\{\frac{S - E(S)}{\sqrt{D(S)}} \geq \frac{s - E(S)}{\sqrt{D(S)}}\right\} \approx 1 - \Phi\left(\frac{s - E(S)}{\sqrt{D(S)}}\right) = 0.9.$$

根据标准正态分布表可得

$$\frac{s-E(S)}{\sqrt{D(S)}} = -1.29, \quad s = 216.02.$$

提出得分和概率数据的 Matlab 程序如下：

```
clc,clear,a=load('data2_4.txt');
fen=a(:,[1:2:20]);p=a(:,[2:2:20]);
fid1=fopen('fen.txt','w');
fid2=fopen('gai.txt','w');
for i=1:4
    for j=1:10
        for k=1:4
            fprintf(fid1,'% f \n',fen(4*(i-1)+k,j));
            fprintf(fid2,'% f \n',p(4*(i-1)+k,j));
        end
    end
end
fclose(fid1);fclose(fid2);
```

求解非线性整数规划的 Lingo 程序如下：

```
model:
sets:
xm/1..4/;
  yd/1..10/:y;
  pm/1..4/;
  link(xm,yd):c,x,p;
  link2(xm,yd,pm):a,z,b;
endsets
data:
a=@file('fen.txt');
b=@file('gai.txt');
@text(shuchu.txt)=x;
enddata
max=@exp(@sum(link:x*@log(p)));
!参赛约束;
@for(xm(i):@sum(yd(j):x(i,j))=6);
@for(yd(j):@sum(xm(i):x(i,j))>4*y(j));
@for(yd(j):@sum(xm(i):x(i,j))<3+y(j));
@sum(yd:y)=4;
!夺冠约束;
@sum(link:c*x)>=236.2;
@for(xm(i):@for(yd(j):p(i,j)=@sum(pm(k):b(i,j,k)*z(i,j,k))));
@for(xm(i):@for(yd(j):c(i,j)=@sum(pm(k):a(i,j,k)*z(i,j,k))));
@for(xm(i):@for(yd(j):@sum(pm(k):z(i,j,k))=1));
@for(yd:@bin(y));
```

```
@for(link:@bin(x));
@for(link2:@bin(z));
end
```

2.5 某单位需要加工制作 100 套钢架,每套用长为 2.9m、2.1m 和 1m 的圆钢各一根。已知原料长 6.9m。(1)如何下料,使用的原材料最省?(2)若下料方式不超过三种,则应如何下料,使用的原材料最省?

解 (1)最简单的做法是,在每一根原材料上截取 2.9m、2.1m 和 1m 的圆钢各一根组成一套,每根原材料剩下料头 0.9m。为了做 100 套钢架,需用原材料 100 根,有 90m 料头。若改为套裁,可能节省原料,可行的套裁方案是剩余的料头少于 1m,可以用枚举法列出所有可行的套裁方案如表 2.4 所示。

表 2.4 几种可能的套裁方案

	A	B	C	D	E	F	G
2.9	1	2	0	0	0	0	1
2.1	0	0	3	2	1	0	1
1	4	1	0	2	4	6	1
合计	6.9	6.8	6.3	6.2	6.1	6	6
料头	0	0.1	0.6	0.7	0.8	0.9	0.9

实际中,为了保证完成 100 套钢架,使所用原材料最省,可以混合使用各种下料方案。

设按方案 A、B、C、D、E、F、G 下料的原材料根数分别为 $x_i(i=1,2,\cdots,7)$,根据表 2.4 的数据建立如下的线性规划模型:

$$\min \sum_{i=1}^{7} x_i,$$

$$\text{s. t.} \begin{cases} x_1+2x_2+x_7 \geq 100, \\ 3x_3+2x_4+x_5+x_7 \geq 100, \\ 4x_1+x_2+2x_4+4x_5+6x_6+x_7 \geq 100, \\ x_i \geq 0 \text{ 且为整数}, \quad i=1,2,\cdots,7. \end{cases}$$

求得最优解 $x_1=14, x_2=43, x_3=33, x_7=1$,最优值为 $z=91$,即按方案 A 下料 14 根,按方案 B 下料 43 根,按方案 C 下料 33 根,按方案 G 下料 1 根,共需原材料 91 根就可以制作完成 100 套钢架。

求解的 Matlab 程序如下:

```
clc, clear, s=[];
for i=0:2
    for j=0:3
        for k=0:6
            if 2.9*i+2.1*j+k>5.9 & 2.9*i+2.1*j+k<=6.9
                s=[s,[i,j,k,6.9-(2.9*i+2.1*j+k)]'];
            end
```

```
            end
        end
end
[ss,ind]=sort(s(4,:));  % 对料头按从小到大排序
s=s(:,ind), a=s([1:3],:);
prob=optimproblem;
x=optimvar('x',7,'Type','integer','LowerBound',0);
prob.Objective=sum(x);
prob.Constraints.con=a*x>=100;
[sol,fval,flag,out]=solve(prob), sol.x
save('data2_5.mat', 'a')   % 保存数据供下面使用
```

(2) 用 $i=1,2,\cdots,7$ 分别表示套裁方案 A、B、C、D、E、F、G，引进 0-1 变量

$$y_i = \begin{cases} 1, & 采用第\,i\,种套裁方案, \\ 0, & 不采用第\,i\,种套裁方案. \end{cases}$$

设 $x_i(i=1,2,\cdots,7)$ 表示采用第 i 种套裁方案下料的原材料根数。建立如下的整数规划模型：

$$\min \sum_{i=1}^{7} x_i,$$

$$\text{s.t.} \begin{cases} x_1 + 2x_2 + x_7 \geq 100, \\ 3x_3 + 2x_4 + x_5 + x_7 \geq 100, \\ 4x_1 + x_2 + 2x_4 + 4x_5 + 6x_6 + x_7 \geq 100, \\ x_i \geq 0 \text{ 且为整数}, \quad i=1,2,\cdots,7, \\ x_i \leq My_i, \quad i=1,2,\cdots,7, \\ \sum_{i=1}^{7} y_i = 3, \\ y_i = 0 \text{ 或 } 1, \quad i=1,2,\cdots,7. \end{cases}$$

式中：M 为一个充分大的正实数。

求得最优解 $x_1=14, x_2=44, x_3=34$，最优值为 $z=92$，即按方案 A 下料 14 根，按方案 B 下料 44 根，按方案 C 下料 34 根，共需原材料 92 根就可以制作完成 100 套钢架。

```
clc, clear, load('data2_5.mat');
prob=optimproblem;
x=optimvar('x',7,'Type','integer','LowerBound',0);
y=optimvar('y',7,'Type','integer','LowerBound',0,'UpperBound',1);
prob.Objective=sum(x);
prob.Constraints.con1=[100<=a*x; x<=10000*y];
prob.Constraints.con2=sum(y)==3;
[sol,fval,flag,out]=solve(prob)
xx=sol.x, yy=sol.y
```

2.6 求解整数线性规划问题

$$\min z = 20x_1 + 90x_2 + 80x_3 + 70x_4 + 30x_5,$$

$$\text{s. t.} \begin{cases} x_1 + x_2 + x_5 \geq 30, \\ x_3 + x_4 \geq 30, \\ 3x_1 + 2x_3 \leq 120, \\ 3x_2 + 2x_4 + x_5 \leq 48, \\ x_j \geq 0 \text{ 且为整数}, \quad j = 1, 2, \cdots, 5. \end{cases}$$

解 把上述线性规划问题改写为

$$\min z = \boldsymbol{c}^\mathrm{T}\boldsymbol{x},$$

$$\text{s. t.} \begin{cases} \boldsymbol{A}\boldsymbol{x} \leq \boldsymbol{b}, \\ x_j \geq 0 \text{ 且为整数}, \quad j = 1, 2, \cdots, 5. \end{cases}$$

其中

$$\boldsymbol{c} = \begin{bmatrix} c_1 \\ c_2 \\ c_3 \\ c_4 \\ c_5 \end{bmatrix} = \begin{bmatrix} 20 \\ 90 \\ 80 \\ 70 \\ 30 \end{bmatrix}, \quad \boldsymbol{A} = (a_{ij})_{4\times 5} = \begin{bmatrix} -1 & -1 & 0 & 0 & -1 \\ 0 & 0 & -1 & -1 & 0 \\ 3 & 0 & 2 & 0 & 0 \\ 0 & 3 & 0 & 2 & 1 \end{bmatrix}, \quad \boldsymbol{b} = \begin{bmatrix} b_1 \\ b_2 \\ b_3 \\ b_4 \end{bmatrix} = \begin{bmatrix} -30 \\ -30 \\ 120 \\ 48 \end{bmatrix}.$$

求得最优解 $x_1 = 30, x_3 = 6, x_4 = 24, x_2 = x_5 = 0$；目标函数最优值 $z = 2760$。

```
clc, clear, prob=optimproblem;
c=[20,90,80,70,30]; b=[-30;-30;120;48];
a=[-1,-1,0,0,-1; 0,0,-1,-1,0
   3,0,2,0,0; 0,3,0,2,1];
x=optimvar('x',5,'Type','integer','LowerBound',0);
prob.Objective=c*x;
prob.Constraints.con=a*x<=b;
[sol,fval,flag,out]=solve(prob), sol.x
```

2.7 美佳公司计划制造Ⅰ、Ⅱ两种家电产品。已知各制造一件家电时分别占用的设备 A 和设备 B 的台时，调试工序时间，每天可用于这两种家电的能力，各销售一件家电的获利情况，如表 2.5 所示。问该公司应制造两种家电各多少件，使获取的利润为最大。

表 2.5 产品生产数据

项 目	Ⅰ	Ⅱ	每天可用能力
设备 A/h	0	5	15
设备 B/h	6	2	24
调试工序/h	1	1	5
利润/元	2	1	

解 设 x_1, x_2 分别表示美佳公司每天制造家电Ⅰ、Ⅱ的产量，建立如下整数规划模型：

$$\max z = 2x_1 + x_2,$$

$$\text{s. t.} \begin{cases} 5x_2 \leq 15, \\ 6x_1 + 2x_2 \leq 24, \\ x_1 + x_2 \leq 5, \\ x_1, x_2 \geq 0 \text{ 且为整数}. \end{cases}$$

求得最优解为 $x_1 = 3, x_2 = 2$；目标函数的最优值为 $z = 8$。

```
clc, clear
prob=optimproblem('ObjectiveSense','max')
c=[2,1]; b=[15;24;5];
a=[0,5;6,2;1,1];
x=optimvar('x',2,'Type','integer','LowerBound',0);
prob.Objective=c*x;
prob.Constraints.con=a*x<=b;
[sol,fval,flag,out]=solve(prob), sol.x
```

2.8 求解标准的指派问题，其中指派矩阵

$$C = \begin{bmatrix} 6 & 7 & 5 & 8 & 9 & 10 \\ 6 & 3 & 7 & 9 & 3 & 8 \\ 8 & 11 & 12 & 6 & 7 & 9 \\ 9 & 7 & 5 & 4 & 7 & 6 \\ 5 & 8 & 9 & 6 & 10 & 7 \\ 9 & 8 & 7 & 6 & 5 & 9 \end{bmatrix}.$$

解 记 $C = (c_{ij})_{6 \times 6}$，引进 0-1 变量

$$x_{ij} = \begin{cases} 1, & \text{第 } i \text{ 人干第 } j \text{ 项工作}, \\ 0, & \text{第 } i \text{ 人不干第 } j \text{ 项工作}, \end{cases} i, j = 1, 2, \cdots, 6.$$

指派问题的 0-1 数学模型为

$$\min z = \sum_{i=1}^{6} \sum_{j=1}^{6} c_{ij} x_{ij},$$

$$\text{s. t.} \begin{cases} \sum_{j=1}^{6} x_{ij} = 1, i = 1, 2, \cdots, 6, \\ \sum_{i=1}^{6} x_{ij} = 1, j = 1, 2, \cdots, 6, \\ x_{ij} = 0 \text{ 或 } 1, i, j = 1, 2, \cdots, 6. \end{cases}$$

求得的最优解为

$$x_{13} = x_{22} = x_{34} = x_{46} = x_{51} = x_{65} = 1, \quad \text{其他的 } x_{ij} = 0,$$

目标函数的最优值为 $z = 30$。

```
clc, clear, prob=optimproblem;
c=[6,7,5,8,9,10;6,3,7,9,3,8;8,11,12,6,7,9
9,7,5,4,7,6;5,8,9,6,10,7;9,8,7,6,5,9]
x=optimvar('x',6,6,'Type','integer','LowerBound',0,'UpperBound',1);
```

```
prob.Objective=sum(sum(c.*x));
prob.Constraints.con=[sum(x,2)==1;sum(x,1)'==1]
[sol,fval,flag,out]=solve(prob),sol.x
```

2.9 已知某物资有 8 个配送中心可以供货，有 15 个部队用户需要该物资，配送中心和部队用户之间单位物资的运费、15 个部队用户的物资需求量和 8 个配送中心的物资储备量数据见表 2.6。

表 2.6 配送中心和部队用户之间单位物资的运费和物资需求量、储备量数据

部队用户	单位物资的运费								需求量
	1	2	3	4	5	6	7	8	
1	390.6	618.5	553	442	113.1	5.2	1217.7	1011	3000
2	370.8	636	440	401.8	25.6	113.1	1172.4	894.5	3100
3	876.3	1098.6	497.6	779.8	903	1003.3	907.2	40.1	2900
4	745.4	1037	305.9	725.7	445.7	531.4	1376.4	768.1	3100
5	144.5	354.6	624.7	238	290.7	269.4	993.2	974	3100
6	200.2	242	691.5	173.4	560	589.7	661.8	855.7	3400
7	235	205.5	801.5	326.6	477	433.6	966.4	1112	3500
8	517	541.5	338.4	219	249.5	335	937.3	701.8	3200
9	542	321	1104	576	896.8	878.4	728.3	1243	3000
10	665	827	427	523.2	725.2	813.8	692.2	284	3100
11	799	855.1	916.5	709.3	1057	1115.5	300	617	3300
12	852.2	798	1083	714.6	1177.4	1216.8	40.8	898.2	3200
13	602	614	820	517.7	899.6	952.7	272.4	727	3300
14	903	1092.5	612.5	790	932.4	1034.9	777	152.3	2900
15	600.7	710	522	448	726.6	811.8	563	426.8	3100
储备量	18600	19600	17100	18900	17000	19100	20500	17200	

（1）根据题目给定的数据，求最小运费调用计划。

（2）若每个配送中心，可以对某个用户配送物资，也可以不对某个用户配送物资；若配送物资，配送量要大于等于 1000 且小于等于 2000，求此时的费用最小调用计划。

解 用 $i=1,2,\cdots,15$ 分别表示部队用户编号，$j=1,2,\cdots,8$ 表示配送中心编号；a_i 表示第 i 个部队用户的需求量，b_j 表示第 j 个配送中心的物资储备量，c_{ij} 表示第 j 个配送中心到第 i 个部队用户之间的单位物资运费，决策变量 x_{ij} 为第 j 个配送中心对第 i 个部队用户的物资配送量。

（1）总费用为

$$z = \sum_{i=1}^{15} \sum_{j=1}^{8} c_{ij} x_{ij}.$$

约束条件包含如下两类：

① 储备量约束

$$\sum_{i=1}^{15} x_{ij} \leq b_j, \quad j=1,2,\cdots,8.$$

② 每个部队用户的需求量约束

$$\sum_{j=1}^{8} x_{ij} = a_i, \quad i = 1,2,\cdots,15.$$

综上所述,建立如下的线性规划模型:

$$\min z = \sum_{i=1}^{15} \sum_{j=1}^{8} c_{ij} x_{ij},$$

$$\text{s. t.} \begin{cases} \sum_{i=1}^{15} x_{ij} \leq b_j, & j = 1,2,\cdots,8, \\ \sum_{j=1}^{8} x_{ij} = a_i, & i = 1,2,\cdots,15, \\ x_{ij} \geq 0, & i = 1,2,\cdots,15 \ j = 1,2,\cdots,8. \end{cases}$$

求得的调运方案见表2.7;总的运输成本为9244730。

表2.7 调运方案

部队用户	调运数量							
	1	2	3	4	5	6	7	8
1	0	0	0	0	0	3000	0	0
2	0	0	0	0	3100	0	0	0
3	0	0	0	0	0	0	0	2900
4	0	0	3100	0	0	0	0	0
5	3100	0	0	0	0	0	0	0
6	0	0	0	3400	0	0	0	0
7	0	3500	0	0	0	0	0	0
8	0	0	0	3200	0	0	0	0
9	0	3000	0	0	0	0	0	0
10	0	0	0	0	0	0	0	3100
11	0	0	0	0	0	0	3300	0
12	0	0	0	0	0	0	3200	0
13	0	0	0	0	0	0	3300	0
14	0	0	0	0	0	0	0	2900
15	0	0	0	0	0	0	0	3100

(2) 建立如下的非线性规划模型:

$$\min z = \sum_{i=1}^{15} \sum_{j=1}^{8} c_{ij} x_{ij},$$

$$\text{s. t.} \begin{cases} \sum_{i=1}^{15} x_{ij} \leq b_j, & j = 1,2,\cdots,8, \\ \sum_{j=1}^{8} x_{ij} = a_i, & i = 1,2,\cdots,15, \\ 1000 \leq x_{ij} \leq 2000 \text{ 或 } x_{ij} = 0, & i = 1,2,\cdots,15; j = 1,2,\cdots,8. \end{cases}$$

为了把模型线性化,我们巧妙地引进 0-1 变量

$$y_{ij} = \begin{cases} 1, & \text{第 } j \text{ 个配送中心供应第 } i \text{ 个用户}, \\ 0, & \text{第 } j \text{ 个配送中心不供应第 } i \text{ 个用户}, \end{cases}$$

把非线性规划中的第 3 个约束条件,线性化为如下约束条件:

$$1000 y_{ij} \leq x_{ij} \leq 2000 y_{ij}, \quad i = 1, 2, \cdots, 15; j = 1, 2, \cdots, 8.$$

因而,建立如下的混合整数线性规划模型:

$$\min z = \sum_{i=1}^{15} \sum_{j=1}^{8} c_{ij} x_{ij},$$

$$\text{s. t.} \begin{cases} \sum_{i=1}^{15} x_{ij} \leq b_j, & j = 1, 2, \cdots, 8, \\ \sum_{j=1}^{8} x_{ij} = a_i, & i = 1, 2, \cdots, 15, \\ 1000 y_{ij} \leq x_{ij} \leq 2000 y_{ij}, & i = 1, 2, \cdots, 15; j = 1, 2, \cdots, 8, \\ y_{ij} = 0 \text{ 或 } 1, & i = 1, 2, \cdots, 15; j = 1, 2, \cdots, 8. \end{cases}$$

求得的调运方案见表 2.8;总的运输成本为 1.268275×10^7。

表 2.8 调运方案

部队用户	调运数量							
	1	2	3	4	5	6	7	8
1	0	0	0	0	1000	2000	0	0
2	0	0	0	0	2000	1100	0	0
3	0	0	1000	0	0	0	0	1900
4	0	0	2000	0	1100	0	0	0
5	2000	0	0	1100	0	0	0	0
6	1400	0	0	2000	0	0	0	0
7	1500	2000	0	0	0	0	0	0
8	0	0	0	2000	1200	0	0	0
9	1000	2000	0	0	0	0	0	0
10	0	0	1100	0	0	0	0	2000
11	0	0	0	0	0	0	2000	1300
12	0	0	0	1200	0	0	2000	0
13	0	0	0	1300	0	0	2000	0
14	0	0	1000	0	0	0	0	1900
15	0	0	0	1100	0	0	0	2000

```
clc, clear, d=load('data2_9_1.txt');
a=d([1:end-1],end); b=d(end,[1:end-1]);
```

```
c=d([1:end-1],[1:end-1]);
x=optimvar('x',15,8,'LowerBound',0);
prob1=optimproblem;
prob1.Objective=sum(sum(c.*x));
prob1.Constraints.con1=sum(x)<=b;
prob1.Constraints.con2=sum(x,2)==a;
[sol1,fval1,flag1,out1]=solve(prob1),sol1.x
writematrix(sol1.x,'data2_9_2.xlsx')
prob2=prob1;
y=optimvar('y',15,8,'Type','integer','LowerBound',0,'UpperBound',1);
prob2.Constraints.con3=[1000*y<=x; x<=2000*y];
[sol2,fval2,flag2,out2]=solve(prob2),sol2.x
writematrix(sol2.x,'data2_9_2.xlsx','Sheet',2)
```

2.10 有4名同学到一家公司参加3个阶段的面试:公司要求每个同学都必须首先找公司秘书初试,然后到部门主管处复试,最后到经理处参加面试,并且不允许插队(即在任何一个阶段4名同学的顺序是一样的)。由于4名同学的专业背景不同,所以每人在3个阶段的面试时间也不同,如表2.9所示。这4名同学约定他们全部面试完以后一起离开公司。假定现在时间是早晨8:00,请问他们最早何时能离开公司?

表2.9 面试时间要求

	秘书初试	主管复试	经理面试
同学甲	14	16	21
同学乙	19	17	10
同学丙	10	15	12
同学丁	9	12	13

解 实际上,这个问题就是要安排4名同学的面试顺序,使完成全部面试所花费的时间最少。

记 t_{ij} 为第 i 名同学参加第 j 阶段面试需要的时间,令 x_{ij} 表示第 i 名同学参加第 j 阶段面试的开始时间(不妨记早上8:00面试开始为0时刻)($i=1,2,3,4;j=1,2,3$),T 为完成全部面试所花费的时间。引进0-1变量

$$y_{ik}=\begin{cases}1, & \text{第 } i \text{ 名同学在第 } k \text{ 名同学前面面试,}\\ 0, & \text{第 } k \text{ 名同学在第 } i \text{ 名同学前面面试,}\end{cases} i<k.$$

优化目标为

$$\min T=\left\{\max_{1\leq i\leq 4}(x_{i3}+t_{i3})\right\}. \tag{2.1}$$

约束条件:

(1) 每名同学只有参加完前一阶段的面试后才能进入下一阶段,因而有时间先后次序约束:

$$x_{ij}+t_{ij}\leq x_{i,j+1}, i=1,2,3,4;j=1,2. \tag{2.2}$$

(2) 第 i 名同学和第 k 名同学面试的先后次序约束：

当第 i 名同学在第 k 名同学前面面试时，有约束条件

$$x_{ij}+t_{ij}\leq x_{kj},1\leq i<k\leq 4;j=1,2,3. \tag{2.3}$$

当第 k 名同学在第 i 名同学前面面试时，有约束条件

$$x_{kj}+t_{kj}\leq x_{ij},1\leq i<k\leq 4;j=1,2,3. \tag{2.4}$$

约束条件式(2.3)和式(2.4)是相互排斥的约束条件，两者有且仅有一个成立，利用 0-1 变量 y_{ik}，我们可以把相互排斥的约束条件式(2.3)和式(2.4)改写为

$$x_{ij}+t_{ij}\leq x_{kj}+M(1-y_{ik}),1\leq i<k\leq 4;j=1,2,3, \tag{2.5}$$

$$x_{kj}+t_{kj}\leq x_{ij}+My_{ik},1\leq i<k\leq 4;j=1,2,3, \tag{2.6}$$

式中：M 是一个充分大的正实数，这里不妨取 $M=10000$。

另外，可以将非线性的优化目标式(2.1)改写为如下线性优化目标：

$$\min T, \tag{2.7}$$

$$\text{s. t. } T\geq x_{i3}+t_{i3},i=1,2,3,4. \tag{2.8}$$

综上所述，建立如下的混合整数规划模型：

$$\min T,$$

$$\text{s. t.}\begin{cases} T\geq x_{i3}+t_{i3}, & i=1,2,3,4,\\ x_{ij}+t_{ij}\leq x_{i,j+1}, & i=1,2,3,4;j=1,2,\\ x_{ij}+t_{ij}\leq x_{kj}+10000(1-y_{ik}), & 1\leq i<k\leq 4;j=1,2,3,\\ x_{kj}+t_{kj}\leq x_{ij}+10000y_{ik}, & 1\leq i<k\leq 4;j=1,2,3,\\ y_{ik}=0 \text{ 或 } 1, & 1\leq i<k\leq 4. \end{cases}$$

利用 Matlab 软件求得，所有面试完成至少需要 82min，面试顺序为 4-1-3-2（丁-甲-丙-乙）。早上 8:00 面试开始，最早 9:22 面试可以全部结束。

```
clc, clear
t = [14,16,21;19,17,10;10,15,12;9,12,13];
x = optimvar('x',4,3,'LowerBound',0);
y = optimvar('y',4,4,'Type','integer','LowerBound',0,'UpperBound',1);
T = optimvar('T'); prob = optimproblem;
prob.Objective = T;
prob.Constraints.con1 = x(:,3)+t(:,3)<=T;
con2 = optimconstr(8); con3 = optimconstr(36);
k1 = 0; k2 = 0;
for i = 1:4
    for j = 1:2
        k1 = k1+1; con2(k1) = x(i,j)+t(i,j)<=x(i,j+1);
    end
end
prob.Constraints.con2 = con2;
for i = 1:3
    for j = 1:3
        for k = i+1:4
```

```
                k2=k2+1;
                con3(2*k2-1)=x(i,j)+t(i,j)<=x(k,j)+10000*(1-y(i,k));
                con3(2*k2)=x(k,j)+t(k,j)<=x(i,j)+10000*y(i,k);
            end
        end
end
prob.Constraints.con3=con3;
[sol,fval,flag,out]=solve(prob)
xx=sol.x,yy=sol.y
```

第3章 非线性规划习题解答

3.1 已知矩阵 $A = \begin{bmatrix} 1 & 4 & 5 \\ 4 & 2 & 6 \\ 5 & 6 & 3 \end{bmatrix}$, $x = \begin{bmatrix} x_1 \\ x_2 \\ x_3 \end{bmatrix}$, 求二次型 $f(x_1, x_2, x_3) = x^T A x$ 在单位球面 $x_1^2 + x_2^2 + x_3^2 = 1$ 上的最小值。

解 理论上可以证明二次型 $f(x_1, x_2, x_3) = x^T A x$ 在单位球面 $x_1^2 + x_2^2 + x_3^2 = 1$ 的最小值为矩阵 A 的最小特征值 -3.6687。

也可以把上述问题归结为如下的非线性规划问题：
$$\min x^T A x,$$
$$\text{s.t.} \begin{cases} x_1^2 + x_2^2 + x_3^2 = 1, \\ x_i \in \mathbf{R}, \quad i = 1, 2, 3. \end{cases}$$

```
clc, clear
a=[1,4,5;4,2,6;5,6,3];
val=eig(a)           % 求所有的特征值
minv=min(val)        % 求最小特征值
prob=optimproblem; x=optimvar('x',3);
prob.Objective=x'*a*x;
prob.Constraints.con=sum(x.^2)==1;
x0.x=rand(3,1);
[sol,fval,flag,out]=solve(prob,x0), sol.x
```

3.2 一个塑料大筐里装满了鸡蛋，两个两个地数，余 1 个鸡蛋；三个三个地数，正好数完；四个四个地数，余 1 个鸡蛋；五个五个地数，余 4 个鸡蛋；六个六个地数，余 3 个鸡蛋；七个七个地数，余 4 个鸡蛋；八个八个地数，余 1 个鸡蛋；九个九个地数，正好数完。建立数学规划模型求大筐中鸡蛋个数的最小值是多少。

解 设大筐中鸡蛋个数的最小值为 x。根据题目中的条件建立如下非线性规划模型：
$$\min x,$$
$$\text{s.t.} \begin{cases} x \bmod 2 = 1, \\ x \bmod 3 = 0, \\ x \bmod 4 = 1, \\ x \bmod 5 = 4, \\ x \bmod 6 = 3, \\ x \bmod 7 = 4, \\ x \bmod 8 = 1, \\ x \bmod 9 = 0, \\ x \geq 0 \text{ 且为整数}. \end{cases}$$

其中约束条件中的 $x \bmod 2$ 表示 x 除以 2 的余数。

上述模型是非线性整数规划模型，只能使用 Lingo 软件求解，必须把求解器设置为全局求解器，且求解速度很慢。我们引进 8 个辅助变量，把上述模型线性化，得到如下的整数线性规划模型：

$$\min x,$$
$$\text{s. t.} \begin{cases} x-2y_1 = 1, \\ x-3y_2 = 0, \\ x-4y_3 = 1, \\ x-5y_4 = 4, \\ x-6y_5 = 3, \\ x-7y_6 = 4, \\ x-8y_7 = 1, \\ x-9y_8 = 0, \\ x \geq 0, y_i \geq 0, i=1,2,\cdots,8; \text{且 } x \text{ 和 } y_i \text{ 都为整数}. \end{cases}$$

求得鸡蛋个数的最小值为 1089。

```
clc, clear
a=[2:9]'; b=[1,0,1,4,3,4,1,0]';
prob=optimproblem;
x=optimvar('x','Type','integer','LowerBound',0);
y=optimvar('y',8,'Type','integer','LowerBound',0);
prob.Objective=x;
prob.Constraints.con = x-a.*y==b;
[sol,fval,flag,out]=solve(prob)
xx=sol.x
```

3.3 求解下列非线性整数规划问题：

$$\max z = x_1^2 + x_2^2 + 3x_3^2 + 4x_4^2 + 2x_5^2 - 8x_1 - 2x_2 - 3x_3 - x_4 - 2x_5,$$

$$\text{s. t.} \begin{cases} 0 \leq x_i \leq 99, \text{且 } x_i \text{ 为整数}(i=1,2,\cdots,5), \\ x_1+x_2+x_3+x_4+x_5 \leq 400, \\ x_1+2x_2+2x_3+x_4+6x_5 \leq 800, \\ 2x_1+x_2+6x_3 \leq 200, \\ x_3+x_4+5x_5 \leq 200. \end{cases}$$

解 Matlab 无法直接求解非线性整数规划，必须借助一些第三方工具箱，如 cvx 工具箱，或者使用遗传算法求解非线性整数规划。

而 Lingo 软件是可以直接求解非线性整数规划的。

利用 Lingo 软件求得的最优解为

$$x_1 = 50, x_2 = 99, x_3 = 0, x_4 = 99, x_5 = 20,$$

目标函数的最大值为 $z = 51568$。

计算的 Lingo 程序如下：

```
model:
sets:
num/1..5/:c1,c2,x;!c1 为目标函数二次项的系数,c2 一次项的系数;
row/1..4/:b;!b 为约束条件右边的常数项列;
link(row,num):a;
endsets
data:
c1=1 1 3 4 2;
c2=-8 -2 -3 -1 -2;
a=1 1 1 1 1  1 2 2 1 6  2 1 6 0 0  0 0 1 1 5;
b=400 800 200 200;
enddata
max=@sum(num(j):c1(j)*x(j)^2+c2(j)*x(j));
@for(row(i):@sum(num(j):a(i,j)*x(j))<=b(i));
@for(num(j):@bnd(0,x(j),99);@gin(x(j)));
end
```

使用遗传算法用 Matlab 求解的程序如下：

```
clc, clear
c1=[1,1,3,4,2]; c2=[-8,-2,-3,-1,-2];
obj=@(x)-sum(c1.*x.^2+c2.*x);  % x 为行向量
a=[1,1,1,1,1;1,2,2,1,6
   2,1,6,0,0;0,0,1,1,5];
b=[400,800,200,200]';
[x,f,flag,out]=ga(obj,5,a,b,[],[],zeros(1,5),99*ones(1,5),[],[1:5])
```

3.4 求解下列非线性规划问题：

$$\max z = \sum_{i=1}^{100} \sqrt{x_i},$$

$$\text{s.t.} \begin{cases} x_1 \leq 10, \\ x_1 + 2x_2 \leq 20, \\ x_1 + 2x_2 + 3x_3 \leq 30, \\ x_1 + 2x_2 + 3x_3 + 4x_4 \leq 40, \\ \sum_{i=1}^{100}(101-i)x_i \leq 1000, \\ x_i \geq 0, i=1,2,\cdots,100. \end{cases}$$

解 每次求得的局部最优解都是变化的，这里我们就不给出所求得的局部最优解了。

```
clc, clear
prob=optimproblem('ObjectiveSense','max');
x=optimvar('x',100,'LowerBound',0);
prob.Objective = sum(sqrt(x));
con=optimconstr(5);
for i=1:4
```

```
        con(i) = [1:i]*x([1:i])<=10*i;
    end
    con(5) = [100:-1:1]*x<=1000;
    prob.Constraints.con = con;
    x0.x = 100*rand(100,1);
    [sol,fval,flag,out] = solve(prob,x0), (sol.x)'
```

3.5 求解下列非线性规划问题：

$$\max f(x) = 2x_1 + 3x_1^2 + 3x_2 + x_2^2 + x_3,$$

$$\begin{cases} x_1 + 2x_1^2 + x_2 + 2x_2^2 + x_3 \leq 10, \\ x_1 + x_1^2 + x_2 + x_2^2 - x_3 \leq 50, \\ 2x_1 + x_1^2 + 2x_2 + x_3 \leq 40, \\ x_1^2 + x_3 = 2, \\ x_1 + 2x_2 \geq 1, \\ x_1 \geq 0, \quad x_2, x_3 \text{ 不约束}. \end{cases}$$

解 求得最优解 $x_1 = 2.3333, x_2 = 0.1667, x_3 = -3.4445$；最优值为 18.0833。

```
clc, clear
prob = optimproblem('ObjectiveSense','max');
x = optimvar('x',3);
prob.Objective = 2*x(1)+3*x(1)^2+3*x(2)+x(2)^2+x(3);
con1 = [x(1)+2*x(1)^2+x(2)+2*x(2)^2+x(3)<=10
    x(1)+x(1)^2+x(2)+x(2)^2-x(3)<=50
    2*x(1)+x(1)^2+2*x(2)+x(3)<=40
    1<=x(1)+2*x(2); 0<=x(1)]
prob.Constraints.con1 = con1;
prob.Constraints.con2 = x(1)^2+x(3) == 2;
x0.x = -rand(3,1);
[sol,fval,flag,out] = solve(prob,x0), sol.x
```

3.6 用罚函数法求解飞行管理问题的模型二。

解 构造增广目标函数

$$f(\Delta\theta_1, \Delta\theta_2, \cdots, \Delta\theta_6, M) = \sum_{i=1}^{6} (\Delta\theta_i)^2 + M \max_{\substack{1 \leq i \leq 5 \\ i+1 \leq j \leq 6}} (\Delta_{ij}, 0),$$

则问题归结为求

$$\min_{\substack{-30 \leq \Delta\theta_i \leq 30 \\ 1 \leq i \leq 6}} f(\Delta\theta_1, \Delta\theta_2, \cdots, \Delta\theta_6, M) = \sum_{i=1}^{6} (\Delta\theta_i)^2 + M \max_{\substack{1 \leq i \leq 5 \\ i+1 \leq j \leq 6}} (\Delta_{ij}, 0),$$

式中:M 为一个充分大的正实数。

罚函数方法的求解精度很差,我们这里就不给出计算结果了。

```
clc, clear
t = optimvar('t',6,'LowerBound',-5,'UpperBound',5);   % 为提高精度,缩小取值范围
prob = optimproblem;
```

```
obj = fcn2optimexpr(@fun3_6,t);
prob.Objective=obj;
T0.t=rand(6,1);       % 初始值
[sol,fval,flag,out]=solve(prob,T0),sol.t

function zf=fun3_6(t);
M=100000;
t0=[243 236 220.5 159 230 52]';
x0=[150 85 150 145 130 0]';
y0=[140 85 155 50 150 0]';
f=sum(t.^2); th=t0+t; k=1;
for i=1:5
    for j=i+1:6
        aij=4*(sind((th(i)-th(j))/2))^2;
        bij=2*((x0(i)-x0(j))*(cosd(th(i))-cosd(th(j)))+...
            (y0(i)-y0(j))*(sind(th(i))-sind(th(j))));
        cij=(x0(i)-x0(j))^2+(y0(i)-y0(j))^2-64;
        g(k)=bij^2-4*aij*cij;
        k=k+1;
    end
end
zf=f+M*max([g,0]);
end
```

3.7 组合投资问题

现有 50 万元基金用于投资三种股票 A、B、C。A 每股年期望收益为 5 元(标准差 2 元),目前市价 20 元;B 每股年期望收益 8 元(标准差 6 元),目前市价 25 元;C 每股年期望收益为 10 元(标准差 10 元),目前市价 30 元;股票 A、B 收益的相关系数为 5/24,股票 A、C 收益的相关系数为-0.5,股票 B、C 收益的相关系数为-0.25。假设基金不一定要用完(不计利息或贬值),风险通常用收益的方差或标准差衡量。

(1) 期望今年得到至少 20% 的投资回报,应如何投资?

(2) 投资回报率与风险的关系如何?

解 记股票 A、B、C 收益的标准差分别为 σ_1、σ_2、σ_3,股票 A、B 收益的相关系数为 ρ_{12},股票 A、C 收益的相关系数为 ρ_{13},股票 B、C 收益的相关系数为 ρ_{23},则股票 A、B、C 收益的协方差矩阵为

$$\boldsymbol{R}=\begin{bmatrix} \sigma_1^2 & \rho_{12}\sigma_1\sigma_2 & \rho_{13}\sigma_1\sigma_3 \\ \rho_{12}\sigma_1\sigma_2 & \sigma_2^2 & \rho_{23}\sigma_2\sigma_3 \\ \rho_{13}\sigma_1\sigma_3 & \rho_{23}\sigma_2\sigma_3 & \sigma_3^2 \end{bmatrix}=\begin{bmatrix} 4 & 2.5 & -10 \\ 2.5 & 36 & -15 \\ -10 & -15 & 100 \end{bmatrix}.$$

记每手(100 股)股票 A、B、C 的年期望收益分别为 c_1,c_2,c_3,则 $c_1=5$(百元),$c_2=8$(百元),$c_3=10$(百元)。每手股票 A、B、C 的价格分别为 b_1,b_2,b_3,则 $b_1=20$(百元),$b_2=25$(百元),$b_3=30$(百元)。

设购买股票 A、B、C 的数量分别为 x_1、x_2、x_3 手,购买股票的风险用方差度量,记 $\boldsymbol{x}=[x_1,x_2,x_3]^T$,风险 $z_1=\boldsymbol{x}^T\boldsymbol{R}\boldsymbol{x}$,收益 $z_2=5x_1+8x_2+10x_3$。我们使用的单位是百元,资金 50 万元,即 5000(百元)。

(1) 期望今年得到至少 20% 的投资回报,建立如下的整数规划模型:
$$\min\ \boldsymbol{x}^T\boldsymbol{R}\boldsymbol{x},$$
$$\text{s. t.}\begin{cases} 5x_1+8x_2+10x_3 \geq 1000, \\ 20x_1+25x_2+30x_3 \leq 5000, \\ x_1,x_2,x_3 \geq 0\ \text{且为整数}. \end{cases}$$

求得的最优解为 $x_1=132$, $x_2=15$, $x_3=22$;目标函数的最小值为 68116。

```
clc, clear
R=[4,2.5,-10;2.5,36,-15;-10,-15,100];
obj=@(x)x*R*x';          % x 为行向量
a=[-5,-8,-10;20,25,30]; b=[-1000;5000];
[x,f,flag,out]=ga(obj,3,a,b,[],[],zeros(1,3),[],[],[1:3])
```

注 3.1 解是不稳定的,需要多运行几次,取最好的解。

(2) 略。

3.8 生产计划问题

某厂向用户提供发动机,合同规定,第一、二、三季度末分别交货 40 台、60 台、80 台,每季度的生产费用为 $f(x)=ax+bx^2$(元),其中 x 是该季度生产的发动机台数。若交货后有剩余,可用于下季度交货,但需支付存储费,每台每季度 c 元。

已知工厂每季度最大生产能力为 100 台,第一季度开始时无存货,设 $a=50$, $b=0.2$, $c=4$。

(1) 工厂应如何安排生产计划,才能既满足合同要求,又使总费用最低?
(2) 讨论 a、b、c 的变化对计划的影响,并做出合理的解释。

解 设第一、二、三季度的生产数量分别为 x_1、x_2、x_3 台。

对于第一季度,$x_1 \geq 40$,费用为
$$f_1=ax_1+bx_1^2.$$

对于第二季度,$x_1+x_2 \geq 100$,第二季度的费用包括生产和存储两部分,第二季度的费用为
$$f_2=ax_2+bx_2^2+c(x_1-40).$$

对于第三季度,$x_1+x_2+x_3=180$,第三季度的费用
$$f_3=ax_3+bx_3^2+c(x_1+x_2-100).$$

三个季度的总费用为
$$f=f_1+f_2+f_3=b(x_1^2+x_2^2+x_3^2)+(a+2c)x_1+(a+c)x_2+ax_3-140c.$$

综上所述,建立如下的非线性规划模型
$$\min\ f=b(x_1^2+x_2^2+x_3^2)+(a+2c)x_1+(a+c)x_2+ax_3-140c,$$
$$\text{s. t.}\begin{cases} x_1 \geq 40, \\ x_1+x_2 \geq 100, \\ x_1+x_2+x_3=180, \\ x_2,x_3 \geq 0. \end{cases}$$

(1) 当 $a=50, b=0.2, c=4$ 时,求得最优解为 $x_1=50, x_2=60, x_3=70$,最小费用 $f=11280$。

(2) 当 a 从 40 以等步长 2 变化到 60 时,费用曲线变化如图 3.1(a)所示,费用的变化是线性的。

当 b 从 0.15 以等步长 0.01 变化到 0.25 时,费用曲线变化如图 3.1(b)所示,费用的变化不是线性的,但接近线性变化。

当 c 从 3 以等步长 0.1 变化到 5 时,费用曲线变化如图 3.1(c)所示,费用的变化不是线性的,但接近线性变化。

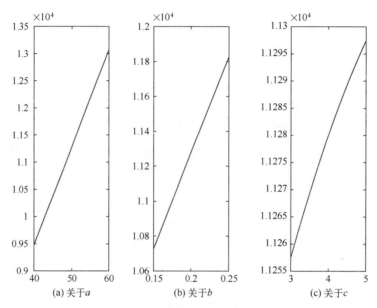

图 3.1 费用曲线变化情况

```
clc, clear, close all, prob=optimproblem;
x=optimvar('x',3,'LowerBound',0);
con1=[x(1)>=40; x(1)+x(2)>=100];
prob.Constraints.con1=con1;
prob.Constraints.con2 = sum(x)==180;
prob2=prob; prob3=prob; prob4=prob;           % 灵敏度分析用
obj=fcn2optimexpr(@(x)fun(x,50,0.2,4),x);
prob.Objective=obj;
x0.x=rand(3,1);
[sol,fval,flag,out]=solve(prob,x0), sol.x

S1=[]; S2=[]; S3=[];
a0=40:2:60; b0=0.15:0.01:0.25; c0=3:0.1:5;
for a = a0
    prob2.Objective=fcn2optimexpr(@(x)fun(x,a,0.2,4),x);
    [s,f]=solve(prob2,x0); S1=[S1,f];
```

```
end
subplot(131);plot(a0,S1),dS1=diff(S1)
for b = b0
    prob3.Objective=fcn2optimexpr(@(x)fun(x,50,b,4),x);
    [s,f]=solve(prob3,x0); S2=[S2,f];
end
subplot(132);plot(b0,S2),dS2=diff(S2)
for c = c0
    prob4.Objective=fcn2optimexpr(@(x)fun(x,50,0.2,c),x);
    [s,f]=solve(prob4,x0); S3=[S3,f];
end
subplot(133);plot(c0,S3),DS3=diff(S3)

function f=fun(x,a,b,c)
f=b*sum(x.^2)+(a+2*c)*x(1)+(a+c)*x(2)+a*x(3)-140*c;
end
```

3.9 用 Matlab 软件求解：

$$\max z = c^T x + \frac{1}{2} x^T Q x,$$

$$\text{s. t.} \begin{cases} -1 \leq x_1 x_2 + x_3 x_4 \leq 1, \\ -3 \leq x_1 + x_2 + x_3 + x_4 \leq 2, \\ x_1, x_2, x_3, x_4 \in \{-1, 1\}. \end{cases}$$

式中：$c = [6,8,4,2]^T$；$x = [x_1, x_2, x_3, x_4]^T$；$Q$ 是三对角线矩阵，主对角线上元素全为 -1，两条次对角线上元素全为 2。

解 求得全局最优解 $x_1 = x_2 = x_3 = 1, x_4 = -1$，对应的目标函数最大值为 $z = 16$。

```
clc, clear, a=-ones(1,4); b=2*ones(1,3);
Q=diag(a)+diag(b,1)+diag(b,-1)            % 构造三对角线矩阵 Q
c=[6,8,4,2];
p=optimproblem('ObjectiveSense','max');
x=optimvar('x',4,'LowerBound',-1,'UpperBound',1)
p.Objective=c*x+0.5*x'*Q*x;
p.Constraints.con1=x.^2-1==0;
p.Constraints.con2=[-1<=x(1)*x(2)+x(3)*x(4)
    x(1)*x(2)+x(3)*x(4)<=1
    -3<=sum(x); sum(x)<=2];
x0.x=rand(4,1);
[s,fv,flag,out]=solve(p,x0),  s.x
```

注 3.2 上述 Matlab 程序很难求得全局最优解，需要多运行几次。

第 4 章 图与网络模型及方法习题解答

4.1 用 Matlab 分别画出下列图形(图 4.1):

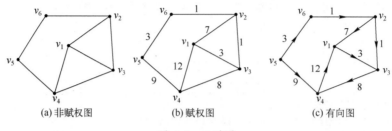

图 4.1 三种图

```
clc, clear, close all
a1=zeros(6); a1(1,[2:4])=1; a1(2,[3,6])=1;
a1(3,4)=1; a1(4,5)=1; a1(5,6)=1;
s=cellstr(strcat('v',int2str([1:6]')));
G1 = graph(a1,s,'upper');
plot(G1,'Layout','circle','NodeFontSize',12)

a2=zeros(6); a2(1,[2:4])=[7,3,12];
a2(2,[3,6])=1; a2(3,4)=8; a2(4,5)=9; a2(5,6)=3;
G2 = graph(a2,s,'upper'); figure
plot(G2,'Layout','circle','EdgeLabel',G2.Edges.Weight)

a3=zeros(6); a3(1,3)=3; a3(2,[1,3])=[7,1];
a3(3,4)=8; a3(4,1)=12; a3(5,[4,6])=[9,3]; a3(6,2)=1;
G3 = digraph(a3,s); figure
plot(G3,'EdgeLabel',G3.Edges.Weight,'Layout','circle')
```

4.2 在图 4.2 中,用点表示城市,现有 A、B_1、B_2、C_1、C_2、C_3、D 共 7 个城市。点与点之间的连线表示城市间有道路相连。连线旁的数字表示道路的长度。现计划从城市 A 到城市 D 铺设一条沿道路的天然气管道,请设计出最小长度管道铺设方案。

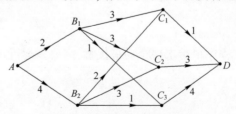

图 4.2 7 个城市间的连线图

解 可以使用 Dijkstra 标号求 A 到 D 的最短路径和最短距离。求得的最短路径为
$$A \to B_1 \to C_1 \to D,$$
最短铺设长度为 6。

```
clc, clear, close all
L={'A','B1',2;'A','B2',4;'B1','C1',3
   'B1','C2',3;'B1','C3',1;'B2','C1',2
   'B2','C2',3;'B2','C3',1;'C1','D',1
   'C2','D',3;'C3','D',4};
G=digraph(L(:,1),L(:,2),cell2mat(L(:,3)));
plot(G), [p,d]=shortestpath(G,'A','D')
```

4.3 求图 4.3 所示赋权图的最小生成树。

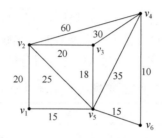

图 4.3 赋权无向图

解 我们使用 Prim 算法求最小生成树,最小生成树的长度为 78。

```
clc, clear, close all, a=zeros(6);
a(1,[2,5])=[20,15]; a(2,[3:5])=[20,60,25];
a(3,[4,5])=[30,18]; a(4,[5,6])=[35,10]; a(5,6)=15;
s=cellstr(strcat('v',int2str([1:6]')));
G=graph(a,s,'upper');
p=plot(G,'EdgeLabel',G.Edges.Weight);
T=minspantree(G), L=sum(T.Edges.Weight)
highlight(p,T)
```

4.4 在图 4.3 中求从 v_1 到 v_4 的最短路径和最短距离。

解 我们使用 Dijkstra 标号算法求 v_1 到 v_4 的最短路径和最短距离,求得的最短路径为
$$v_1 \to v_5 \to v_6 \to v_4,$$
求得的最短距离为 40。

```
clc, clear, close all, a=zeros(6);
a(1,[2,5])=[20,15]; a(2,[3:5])=[20,60,25];
a(3,[4,5])=[30,18]; a(4,[5,6])=[35,10]; a(5,6)=15;
s=cellstr(strcat('v',int2str([1:6]')));
G=graph(a,s,'upper');
p=plot(G,'EdgeLabel',G.Edges.Weight);
[path,d]=shortestpath(G,1,4)
highlight(p,path,'LineStyle','--','LineWidth',2)
```

4.5 图 4.4 给出了 6 支球队的比赛结果,即 1 队战胜 2、4、5、6 队,而输给了 3 队;5 队战胜 3、6 队,而输给 1、2、4 队等。

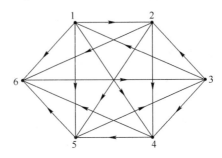

图 4.4 球队的比赛结果

(1) 利用竞赛图的适当方法,给出 6 支球队的一个排名顺序;
(2) 利用 PageRank 算法,再次给出 6 支球队的排名顺序。

解 (1) 若胜一场记 1 分,则 6 支球队的比赛得分情况见表 4.1。

表 4.1 6 支球队的比赛得分情况

球队	1	2	3	4	5	6
1	-	1	0	1	1	1
2	0	-	0	1	1	1
3	1	1	-	1	0	0
4	0	0	0	-	1	1
5	0	0	1	0	-	1
6	0	0	1	0	0	-

通常的方法是计算各队的得分,从高到低排名次,如前面 6 支球队的得分是

$$s_1 = [4,3,3,2,2,1]^\mathrm{T}.$$

按得分计算,球队 1 排名第一,球队 2、3 并列第二,……。

这种方法有两个缺点:一是不能区分球队 2 与球队 3 的高低(因为不计算小分);二是没有考虑所打败对手的强弱,因为不论你战胜的是强队还是弱队,都得 1 分。那么,如何确定一种方法,使排名更合理呢?

如何考虑对手的强弱,首先要回答一个问题——用什么指标表征对手的强弱?从直观上讲,对手强就是对手战胜的队多,对手弱就是对手战胜的队少,那么可以将对手的得分也记录到自己队的得分中,即所谓的二级得分。这样考虑问题比直接考虑得分更合理,这里计算一下二级得分:

$$s_2 = [8,5,9,3,4,3]^\mathrm{T}.$$

按这种计算方法,球队 3 排名第一,球队 1 排名第二,……。

这看起来是合理的,但所说的问题并没有根本解决。因为这里只考虑每个队的对手的得分,而没有考虑每个队的对手的对手的得分,也就是说,评判对手强弱的计算公式不合理。为了合理地解决这个问题,需要考虑每个队的对手的对手的得分,即三级得分。那么同样的问题,还有四级得分、五级得分……。看一下各队各级的得分:

$$s_3 = [15, 10, 16, 7, 12, 9]^T,$$
$$s_4 = [38, 28, 32, 21, 25, 16]^T,$$
$$s_5 = [90, 62, 87, 41, 48, 32]^T,$$
$$s_6 = [183, 121, 193, 80, 119, 87]^T.$$

看来各队名次的排列有波动,例如球队 3 和球队 1 竞争第一名的情况就是这样。如何确定他们的名次呢?再对各队的得分进行分析。将各队比赛的得分情况构造成矩阵

$$A = \begin{bmatrix} 0 & 1 & 0 & 1 & 1 & 1 \\ 0 & 0 & 0 & 1 & 1 & 1 \\ 1 & 1 & 0 & 1 & 0 & 0 \\ 0 & 0 & 0 & 0 & 1 & 1 \\ 0 & 0 & 1 & 0 & 0 & 1 \\ 0 & 1 & 0 & 0 & 0 & 0 \end{bmatrix},$$

同时构造列向量 $e = [1, 1, 1, 1, 1, 1]^T$,它可以看成各队的实力,比赛前,认为 6 个队是相同的。那么第一级得分为

$$s_1 = Ae,$$

s_1 也可以被看成各队的实力,比赛以后就不同了。而二级以后的得分如下:

$$s_2 = As_1 = A^2 e,$$
$$s_3 = As_2 = A^2 s_1 = A^3 e,$$
$$\vdots$$
$$s_k = As_{k-1} = \cdots = A^k e,$$

最合理的情况应考虑极限情况,即

$$\lim_{i \to \infty} \left(\frac{A}{\lambda} \right)^i e = s.$$

式中:λ 是矩阵 A 的最大特征值;s 是对应 λ 的特征向量。可以证明在满足一定的条件下,上述极限是存在的。

因此,名次排列问题就转化为求得分矩阵的最大特征值和对应的特征向量。对于前面的问题,其最大特征值为 $\lambda = 2.2324$,相应的特征向量为

$$s = [0.2379, 0.1643, 0.2310, 0.1135, 0.1498, 0.1035]^T,$$

即第一名到第六名的名次排列为球队 1、球队 3、球队 2、球队 5、球队 4、球队 6。

(2) 构造图 4.4 对应的赋权有向图 $D = (V, \tilde{A}, W)$,其中顶点集合 $V = \{v_1, v_2, \cdots, v_6\}$,这里 $v_1, v_2, \cdots, v_6$ 分别表示 6 支球队,$\tilde{A}$ 为弧的集合,$W = (w_{ij})_{6 \times 6}$ 为邻接矩阵,这里

$$w_{ij} = \begin{cases} 1, & \text{第 } i \text{ 队输给了第 } j \text{ 队}, \\ 0, & \text{否则}, \end{cases}$$

即第 i 队输给了第 j 队,则第 i 队就给第 j 队投一票。显然 W 等于(1)中得分矩阵 A 的转置矩阵。

记矩阵 W 的行和为

$$r_i = \sum_{j=1}^{6} w_{ij}, \quad i = 1, 2, \cdots, 6,$$

它表示第 i 队投给其他队的票数。

定义矩阵 $\boldsymbol{P}=(p_{ij})_{6\times 6}$ 如下:

$$p_{ij}=\frac{1-d}{6}+d\frac{w_{ij}}{r_i}, i,j=1,2,\cdots,6,$$

式中:d 是模型参数,通常取 $d=0.85$;$\boldsymbol{P}$ 是马尔可夫链的转移概率矩阵,p_{ij} 表示第 i 队投票给第 j 队的概率。根据马尔可夫链的基本性质,对于正则马尔可夫链,存在平稳分布 $\boldsymbol{x}=[x_1,x_2,\cdots,x_6]^T$,满足

$$\boldsymbol{P}^T\boldsymbol{x}=\boldsymbol{x}, \sum_{i=1}^{N}x_i=1,$$

$\boldsymbol{x}$ 表示在极限状态(转移次数趋于无限)下各个队被投票的概率分布,Google 将它定义为各顶点的 PageRank 值。假设 $\boldsymbol{x}$ 已经得到,则它按分量满足方程

$$x_k=\sum_{i=1}^{6}p_{ik}x_i=\frac{1-d}{6}+d\sum_{i=1}^{6}\frac{w_{ik}x_i}{r_i}.$$

顶点 v_i 的 PageRank 值是 x_i,它发出的弧有 r_i 个,于是顶点 v_i 将它的 PageRank 值分成 r_i 份,分别"投票"给它链出的顶点。x_k 为顶点 v_k 的 PageRank 值,即网络上所有顶点"投票"给顶点 v_k 的最终值。

根据马尔可夫链的基本性质还可以得到,平稳分布(即 PageRank 值)是转移概率矩阵 $\boldsymbol{P}$ 的转置矩阵 $\boldsymbol{P}^T$ 的最大特征值($=1$)所对应的归一化特征向量。

计算得到该马尔可夫链的平稳分布为

$$\boldsymbol{x}=[0.1876 \quad 0.1316 \quad 0.2695 \quad 0.1026 \quad 0.1692 \quad 0.1395]^T.$$

这就是 6 个顶点的 PageRank 值,其柱状图如图 4.5 所示。即第一名到第六名的名次排列为球队 3、球队 1、球队 5、球队 6、球队 2、球队 4。

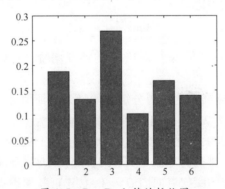

图 4.5 PageRank 值的柱状图

```
clc, clear, close all
a=load('data4_5.txt');    % 表格数据中的'-'替换成 0,保存到文件 data4_5.txt 中
e=ones(6,1); s(:,1)=a*e;
for i=2:6
    s(:,i)=a*s(:,i-1);              % 各级得分保存在矩阵的各列
end
s                                    % 显示各级得分矩阵
```

```
[vec,val]=eigs(a,1)                    %求最大值及对应的特征向量
vec2=vec/sum(vec)                      %特征向量归一化
bar(vec2)                              %画柱状图

w=a'; r=sum(w,2);                      %求行和
n=size(w,1); d=0.85;
P=(1-d)/n+d*w./r;
[vec3,val3]=eigs(P',1)
vec4=vec3/sum(vec3)
figure, bar(vec4)
```

4.6 已知 95 个目标点的数据见 Excel 文件 data4_6.xlsx,第 1 列是这 95 个点的编号,第 2、3 列分别是这 95 个点的 x、y 坐标,第 4 列是这些点的重要性分类,标明"1"的是第一类重要目标点,标明"2"的是第二类重要目标点,未标明类别的是一般目标点,第 5、6、7 列标明了这些点的连接关系。如第 3 行的数据

$$C \quad -1160 \quad 587.5 \quad D \quad F$$

表示顶点 C 的坐标为 $(-1160,587.5)$,它是一般目标点,C 点和 D 点相连,C 点也和 F 点相连。

研究如下问题:

(1) 画出上面的无向图,一类重要目标点用"☆"画出,二类重要点用"＊"画出,一般目标点用"."画出。

要求必须画出无向图的度量图,顶点的位置坐标必须准确,不要画出无向图的拓扑图。

(2) 当权重为距离时,求上面无向图的最小生成树,并画出最小生成树。

(3) 求顶点 L 到顶点 R3 的最短距离及最短路径,并画出最短路径。

解 (1) 画出的无向图如图 4.6 所示。

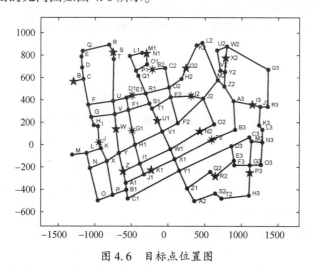

图 4.6 目标点位置图

(2) 构造赋权图 $G=(V,E,W)$,其中顶点集 $V=\{v_1,v_2,\cdots,v_{95}\}$,$v_1,v_2,\cdots,v_{95}$ 分别表示顶点 B,C,$\cdots$,R3;E 为边集,$W=(w_{ij})_{95\times95}$ 为邻接矩阵,这里

43

$$w_{ij} = \begin{cases} v_i \text{ 与 } v_j \text{ 间的距离}, & v_i \text{ 与 } v_j \text{ 相连时}, \\ \infty, & v_i \text{ 与 } v_j \text{ 不相连时}, \end{cases} \quad i,j = 1,2,\cdots,95.$$

我们可以使用 Kruskal 算法求 G 的最小生成树。具体算法如下：

① 选 $e_1 \in E$，使得 e_1 是权值最小的边。

② 若 $e_1, e_2, \cdots, e_i$ 已选好，则从 $E - \{e_1, e_2, \cdots, e_i\}$ 中选取 e_{i+1}，使得 $\{e_1, e_2, \cdots, e_i, e_{i+1}\}$ 中无圈，且 e_{i+1} 是 $E - \{e_1, e_2, \cdots, e_i\}$ 中权值最小的边。

③ 直到选得 e_{94} 为止。

利用上述的 Kruskal 算法求得的最小生成树的权重为 1.4219×10^4，生成的最小生成树如图 4.7 所示。

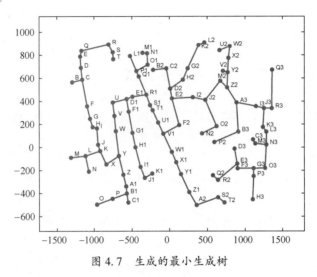

图 4.7　生成的最小生成树

（3）求顶点 L 到顶点 R3 的最短距离，就是在 G 中求顶点 v_{11} 到 v_{95} 的最短距离，可以使用 Dijkstra 标号算法求解。

记 $l(v)$ 为顶点 v 的标号值，Dijkstra 标号算法的计算步骤为：

① 令 $l(v_{11}) = 0$，对 $v \neq v_{11}$，令 $l(v) = \infty$，$S_0 = \{v_{11}\}$，$i = 0$。

② 对每个 $v \in \bar{S}_i (\bar{S}_i = V - S_i)$，用

$$\min_{u \in S_i}\{l(v), l(u) + w(uv)\}$$

代替 $l(v)$，这里 $w(uv)$ 表示顶点 u 和 v 之间边的权值。计算 $\min\limits_{v \in \bar{S}_i}\{l(v)\}$，把达到这个最小值的一个顶点记为 u_{i+1}，令 $S_{i+1} = S_i \cup \{u_{i+1}\}$。

③ 若 $i = 94$，则停止；若 $i < 94$，则用 $i+1$ 代替 i，转步骤②。

利用 Matlab 软件，求得的 L 到 R3 的最短距离为 2795.5。最短路径如图 4.8 所示。

readcell 读数据文件的 Matlab 程序：

```
clc, clear, close all
a=readcell('data4_6.xlsx','Range','A2:G96');
s=a(:,1);                        % 提出顶点名称的字符串细胞数组
xy=cell2mat(a(:,[2,3]));         % 提出坐标数据
b=a(:,4); ind3=find(cellfun(@ismissing,b))
```

```
b(ind3)={[3]};                    % 把缺失值替换为3
ind1=find(cell2mat(b)==1);        % 找第一类点的编号
ind2=find(cell2mat(b)==2);        % 找第二类点的编号
plot(xy(ind1,1),xy(ind1,2),'Pk','MarkerSize',10),hold on
plot(xy(ind2,1),xy(ind2,2),'*k','MarkerSize',10)
plot(xy(ind3,1),xy(ind3,2),'.k')
c=zeros(95);                      % 邻接矩阵的初始值
for i=1:95
    ind=a(i,[5:7]); ind=ind(cellfun(@ischar,ind));
    nb=find(ismember(s,ind));     % 找当前顶点的相邻顶点编号
    m=length(nb);
    for j=1:m
        c(i,nb(j))=norm(xy(i,:)-xy(nb(j),:));  % 计算邻接矩阵的上三角元素
    end
end
G=graph(c,s,'upper');
plot(G,'XData',xy(:,1),'YData',xy(:,2),'LineWidth',1.5)
T=minspantree(G,'Method','sparse'), L=sum(T.Edges.Weight)
figure,plot(T,'XData',xy(:,1),'YData',xy(:,2),'LineWidth',1.5)
[path,d]=shortestpath(G,'L','R3')
figure, hold on
H=plot(G,'XData',xy(:,1),'YData',xy(:,2),'EdgeColor','k');
highlight(H,path,'LineWidth',2,'EdgeColor','r')
```

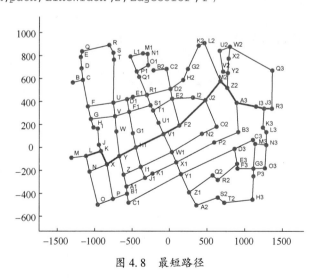

图 4.8 最短路径

xlsread 读数据文件的 Matlab 程序：

```
clc, clear, close all
[a,b]=xlsread('data4_6.xlsx','A2:G96');
s=b(:,1);                         % 提出顶点名称的字符串细胞数组
xy=a(:,[1,2]);                    % 提出坐标数据
```

```
ind1=find(a(:,3)==1); ind2=find(a(:,3)==2);      % 找第一二类点的编号
ind3=find(isnan(a(:,3)));           % 找一般点的编号
plot(xy(ind1,1),xy(ind1,2),'Pk','MarkerSize',10),hold on
plot(xy(ind2,1),xy(ind2,2),'*k','MarkerSize',10)
plot(xy(ind3,1),xy(ind3,2),'.k')
c=zeros(95);                        % 邻接矩阵的初始值
for i=1:95
    ind=b(i,[5:7]);
    nb=find(ismember(s,ind));       % 找当前顶点的相邻顶点编号
    m=length(nb);
    for j=1:m
        c(i,nb(j))=norm(xy(i,:)-xy(nb(j),:));   % 计算邻接矩阵的上三角元素
    end
end
G=graph(c,s,'upper');
plot(G,'XData',xy(:,1),'YData',xy(:,2),'LineWidth',1.5)
T=minspantree(G,'Method','sparse'), L=sum(T.Edges.Weight)
figure,plot(T,'XData',xy(:,1),'YData',xy(:,2),'LineWidth',1.5)
[path,d]=shortestpath(G,'L','R3')
figure, hold on
H=plot(G,'XData',xy(:,1),'YData',xy(:,2),'EdgeColor','k');
highlight(H,path,'LineWidth',2,'EdgeColor','r')
```

4.7 已知有 6 个村庄，各村的小学生人数如表 4.2 所示，各村庄间的距离如图 4.9 所示。现在计划建造一所医院和一所小学，则医院建在哪个村庄才能使最远村庄的人到医院看病所走的路最短？小学建在哪个村庄使得所有学生上学走的总路程最短？

表 4.2 各村小学生人数

村庄	v_1	v_2	v_3	v_4	v_5	v_6
小学生	50	40	60	20	70	90

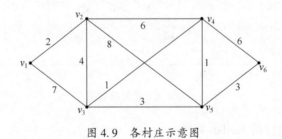

图 4.9 各村庄示意图

解 构造对应的赋权图 $G=(V,E,\boldsymbol{W})$，其中顶点集合 $V=\{v_1,v_2,\cdots,v_6\}$，E 为边的集合；邻接矩阵为

$$W = \begin{bmatrix} 0 & 2 & 7 & \infty & \infty & \infty \\ 2 & 0 & 4 & 6 & 8 & \infty \\ 7 & 4 & 0 & 1 & 3 & \infty \\ \infty & 6 & 1 & 0 & 1 & 6 \\ \infty & 8 & 3 & 1 & 0 & 3 \\ \infty & \infty & \infty & 6 & 3 & 0 \end{bmatrix},$$

可以使用 Dijkstra 标号算法求所有顶点对之间的最短距离，利用 Matlab 软件求得所有顶点对两两之间的最短距离矩阵 $D = (d_{ij})_{7 \times 7}$ 见表 4.3。

表 4.3　所有顶点对之间的最短距离及逐列最大值

	v_1	v_2	v_3	v_4	v_5	v_6
v_1	0	2	6	7	8	11
v_2	2	0	4	5	6	9
v_3	6	4	0	1	2	5
v_4	7	5	1	0	1	4
v_5	8	6	2	1	0	3
v_6	11	9	5	4	3	0
逐列最大值	11	9	6	7	8	11

（1）D 的第 j 列值表示其他各村到第 j 村的距离，第 j 列的最大值表示离第 j 村最远的村到该村的距离，其中第 3 列的最大值 6 最小，所以医院可以建在第 3 村 v_3。

（2）D 矩阵的第 j 列各元素表示其他各村到第 j 村的距离，记 $c_j (i = 1, 2, \cdots, 6)$ 表示第 j 村的小学生人数。若到第 j 村上学，则所有小学生走的路程和为

$$s_j = \sum_{j=i}^{6} c_i a_{ij}.$$

若 $s_k = \min_{1 \leq j \leq 6} \{s_j\}$，则学校应建在第 k 村。求得 $s_j (j = 1, 2, \cdots, 6)$ 的数值如表 4.4 所示。从表 4.4 可以看出，学校建在第 4 村，所有学生上学走的总路程最短。

表 4.4　小学生在各村上学走的路程和

s_1	s_2	s_3	s_4	s_5	s_6
2130	1670	1070	1040	1050	1500

```
clc, clear, w=zeros(6);
w(1,[2,3])=[2,7]; w(2,[3:5])=[4,6,8];
w(3,[4,5])=[1,3]; w(4,[5,6])=[1,6];
w(5,6)=3;  G=graph(w,'Upper');
d=distances(G)                %用Dijkstra算法求所有顶点对的距离
md=max(d)                     %求各列的最大值
c=[50  40  60  20  70  90];
s=c*d                         %计算学生上学走的路程和
```

```
[ms,ind]=min(s)                          %求最小值及对应的编号.
writematrix([d;md;s],'data4_7.xlsx')     %计算结果写入 Excel 表
```

4.8 在 10 个顶点的无向图中,每对顶点之间以概率 0.6 存在一条权重为 $[1,10]$ 上随机整数的边,首先生成该图。然后求解下列问题:

（1）求该图的最小生成树。

（2）求顶点 v_1 到顶点 v_{10} 的最短距离及最短路径。

（3）求所有顶点对之间的最短距离。

解 计算及画图的 Matlab 程序如下：

```
clc, clear, close all
a=rand(10); a=tril(a,-1);                %截取下三角元素
w=randi([1,10],10);                      %生成 10×10 的随机整数矩阵
wx=(a>=0.4).*w;                          %生成赋权图邻接矩阵的下三角部分
G=graph(wx,'Lower');                     %构造赋权无向图
T=minspantree(G,'Method','sparse')       %使用 Kruskal 算法求最小生成树
subplot(121), plot(T,'Edgelabel',T.Edges.Weight)
[path,d1]=shortestpath(G,1,10)           %求顶点 1 到 10 的最短路
subplot(122), h=plot(G,'EdgeLabel',G.Edges.Weight)
highlight(h,path,'EdgeColor','r','LineWidth',2)
d2=distances(G)                          %求所有顶点对之间的最短距离
```

4.9 5 个人参加某场特殊考试,为了公平,要求任何两个认识的人不能分在同一个考场。5 个人总共有 8 种认识关系如表 4.5 所示,求至少需要分几个考场才能满足条件。

表 4.5 5 个人的 8 种认识关系

认识关系	1	2	3	4	5	6	7	8
i	1	1	1	2	2	2	3	3
j	2	3	4	3	4	5	4	5

解 构造赋权图 $G=(V,E,W)$,这里顶点集合 $V=\{v_1,v_2,\cdots,v_5\}$,其中 $v_1,v_2,\cdots,v_5$ 表示 5 个人,E 为边集,邻接矩阵 $W=(w_{ij})_{5\times 5}$,这里

$$W=\begin{bmatrix} 0 & 1 & 1 & 1 & 0 \\ 1 & 0 & 1 & 1 & 1 \\ 1 & 1 & 0 & 1 & 1 \\ 1 & 1 & 1 & 0 & 0 \\ 0 & 1 & 1 & 0 & 0 \end{bmatrix}.$$

我们把该问题归结为图 G 的顶点着色。这里顶点个数 $n=5$,顶点的最大度 $\Delta=4$。引入 0-1 变量:

$$x_{ik}=\begin{cases} 1, & \text{当 } v_i \text{ 着第 } k \text{ 种颜色时}, \\ 0, & \text{否则}, \end{cases} \quad i=1,2,\cdots,n; k=1,2,\cdots,\Delta+1.$$

设颜色总数为 y,建立如下整数线性规划模型:

$$\min y,$$

$$\text{s. t.} \begin{cases} \sum_{k=1}^{\Delta+1} x_{ik} = 1, & i = 1, 2, \cdots, n, \\ x_{ik} + x_{jk} \leq 1, & (v_i, v_j) \in E, k = 1, 2, \cdots, \Delta + 1, \\ y \geq \sum_{k=1}^{\Delta+1} k x_{ik}, & i = 1, 2, \cdots, n, \\ x_{ik} = 0 \text{ 或 } 1, & i = 1, 2, \cdots, n, k = 1, 2, \cdots, \Delta + 1. \end{cases}$$

求得 $y=4$,即需要 4 个考场才能满足条件。

```
clc, clear, close all
a = load('data4_9.txt'); G = graph;
G = addedge(G,a(1,:),a(2,:)); plot(G)
w = full(adjacency(G))          % 导出完整的邻接矩阵
deg = sum(w)                    % 计算各顶点的度
K = max(deg)                    % 求最大度数
n = size(w,1);                  % 顶点个数
prob = optimproblem;
x = optimvar('x',n,K+1,'Type','integer','LowerBound',0,'UpperBound',1);
y = optimvar('y'); prob.Objective = y;
prob.Constraints.con1 = sum(x,2) == 1;
prob.Constraints.con2 = x(a(1,:),:)+x(a(2,:),:)<=1;
prob.Constraints.con3 = x * [1:K+1]'<=y;
[sol, fval, flag, out] = solve(prob)
[i,k] = find(sol.x);
fprintf('顶点和颜色的对应关系如下:\n')
ik = [i'; k']
```

4.10 有 4 个公司来某重点高校招聘企业管理(A)、国际贸易(B)、管理信息系统(C)、工业工程(D)、市场营销(E)专业的本科毕业生。经本人报名和两轮筛选,最后可供选择的各专业毕业生人数分别为 4、3、3、2、4 人。若公司①想招聘 A、B、C、D、E 各专业毕业生各 1 人;公司②拟招聘 4 人,其中 C、D 专业各 1 人,A、B、E 专业可从任两个专业中各选 1 人;公司③招聘 4 人,其中 B、C、E 专业各 1 人,再从 A 或 D 专业中选 1 人;公司④招聘 3 人,其中须有 E 专业 1 人,其余 2 人可从余下 A、B、C、D 专业中任选其中两个专业各 1 人。问上述 4 个公司是否都能招聘到各自需要的专业人才,并将此问题归结为求网络最大流问题。

解一 有向图的最大流算法是针对单源和单汇的,而本题是多源多汇的,需要添加一个虚拟的源点 s 和一个虚拟的汇点 t,构造如图 4.10 所示的网络图,图中各弧旁数字为容量。求网络的从 s 到 t 的最大流。

利用 Matlab 求得最大流的流量为 16,即各公司都能招聘到所需人才。

```
clc, clear, close all
a = zeros(14); a(1,[2:6]) = [4 3 3 2 4];
a(2,[7:10]) = 1; a(3,[7 9 10 12]) = 1;
```

```
a(4,[9:12])=1; a(5,[8:12])=1;
a(6,[7 10 12 13])=1; a(7,11)=2;
a(8,12)=1; a(9,13)=2;
a([10:13],14)=[5 4 4 3];
s=cellstr(int2str([1:14]')); G=digraph(a,s);
[M,F]=maxflow(G,1,14)
h=plot(G,'Layout','force','EdgeLabel',G.Edges.Weight);
highlight(h,F,'EdgeColor','r','LineWidth',1.5);
```

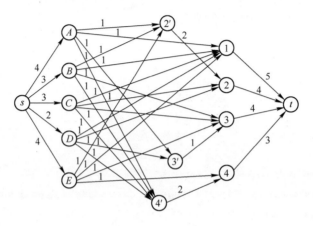

图 4.10 最大流网络

解二 我们也可以用 0-1 整数规划模型求解该问题,用 $i=1,2,3,4$ 分别表示 4 个公司,$j=1,2,\cdots,5$ 分别表示 5 个专业 A,B,C,D,E,记第 j 个专业可供选择的毕业生人数为 a_j,引进 0-1 变量

$$x_{ij}=\begin{cases}1,& \text{第}\,i\,\text{个公司招聘第}\,j\,\text{个专业的毕业生}\,1\,\text{名},\\0,& \text{第}\,i\,\text{个公司不招聘第}\,j\,\text{个专业的毕业生},\end{cases} i=1,2,3,4; j=1,2,\cdots,5.$$

建立如下的 0-1 整数规划模型

$$\max \sum_{i=1}^{4}\sum_{j=1}^{5}x_{ij},$$

$$\text{s.t.}\begin{cases}\sum_{i=1}^{4}x_{ij}\leqslant a_j, j=1,2,\cdots,5,\\x_{21}+x_{22}+x_{25}\leqslant 2,\\x_{31}+x_{34}\leqslant 1,\\x_{41}+x_{42}+x_{43}+x_{44}\leqslant 2.\\x_{ij}=0\,\text{或}\,1, i=1,2,3,4, j=1,2,\cdots,5.\end{cases}$$

求得的最优解为

$$x_{11}=x_{12}=x_{13}=x_{14}=x_{15}=1, x_{21}=x_{23}=x_{24}=x_{25}=1,$$
$$x_{31}=x_{32}=x_{33}=x_{35}=1, x_{41}=x_{42}=x_{45}=1,$$

目标函数的最优值为 16。

```
clc, clear
a = [4,3,3,2,4];
prob = optimproblem('ObjectiveSense','max');
x = optimvar('x',4,5,'Type','integer','LowerBound',0,'UpperBound',1);
prob.Objective = sum(sum(x));
prob.Constraints.con = [sum(x)<=a, sum(x(2,[1,2,5]))<=2,...
    x(3,1)+x(3,4)<=1, sum(x(4,1:end-1))<=2];
[sol, fval, flag, out] = solve(prob)
xx = sol.x           % 显示决策向量的取值
```

4.11 求图 4.11 所示网络的最小费用最大流,弧上的第 1 个数字为单位流的费用,第 2 个数字为弧的容量。

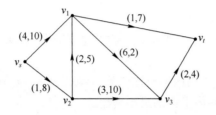

图 4.11 最小费用最大流的网络图

解 求最大流的算法和最小费用的数学规划模型就不赘述了。

求得的最大流为 11,求得的最小费用为 55。

```
clc, clear
L={'vs','v1',4,10;'vs','v2',1,8;'v1','v3',6,2
    'v1','vt',1,7;'v2','v1',2,5;'v2','v3',3,10
    'v3','vt',2,4}
G1=digraph(L(:,1),L(:,2),cell2mat(L(:,3)));
G2=digraph(L(:,1),L(:,2),cell2mat(L(:,4)));
[M,F]=maxflow(G2,'vs','vt')
b=full(adjacency(G1,'weighted'))       % 导出费用邻接矩阵
c=full(adjacency(G2,'weighted'))       % 导出容量邻接矩阵
f = optimvar('f',5,5,'LowerBound',0);
prob = optimproblem; prob.Objective = sum(sum(b.*f));
con1 = [sum(f(1,:))==M
        sum(f(:,[2:end-1]))'==sum(f([2:end-1],:),2)
        sum(f(:,end))==M];
prob.Constraints.con1 = con1;
prob.Constraints.con2 = f<=c;
[sol, fval, flag, out] = solve(prob)
ff = sol.f    % 显示最小费用最大流对应的矩阵
```

4.12 某公司计划推出一种新型产品,需要完成的作业由表 4.6 所示。

表 4.6 计算网络图的相关数据

作业名称	计划完成时间/周	紧前作业	最短完成时间/周	缩短 1 周的费用/元
A 设计产品	6	—	4	800
B 市场调查	5	—	3	600
C 原材料订货	3	A	1	300
D 原材料收购	2	C	1	600
E 建立产品设计规范	3	A,D	1	400
F 产品广告宣传	2	B	1	300
G 建立产品生产基地	4	E	2	200
H 产品运输到库	2	G,F	2	200

(1) 画出产品的计划网络图。

(2) 求完成新产品的最短时间,列出各项作业的最早开始时间、最迟开始时间和计划网络的关键路线。

(3) 假定公司计划在 17 周内推出该产品,各项作业的最短时间和缩短 1 周的费用如表 4.6 所示,求产品在 17 周内上市的最小费用。

(4) 如果各项作业的完成时间并不能完全确定,而是根据以往的经验估计出来的,其估计值如表 4.7 所示。试计算出产品在 21 周内上市的概率和以 95% 的概率完成新产品上市所需的周数。

表 4.7 作业数据

作 业	A	B	C	D	E	F	G	H
最乐观的估计	2	4	2	1	1	3	2	1
最可能的估计	6	5	3	2	3	4	4	2
最悲观的估计	10	6	4	3	5	5	6	4

解 (1) 产品的计划网络图如图 4.12 所示。

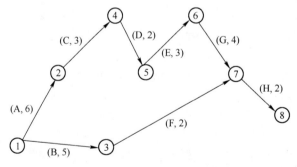

图 4.12 产品的计划网络图

(2) 分别用 x_i, z_i 表示第 $i(i=1,2,\cdots,8)$ 个事件的最早时间和最迟时间,t_{ij} 表示作业 (i,j) 的计划时间,es_{ij}, ls_{ij} 分别表示作业 (i,j) 的最早开工时间,最迟开工时间。对应作业的最早开工时间与最迟开工时间相同,就得到项目的关键路径。

为了求事件的最早开工时间 $x_i(i=1,2,\cdots,8)$,建立如下的线性规划模型:

$$\min \sum_{i=1}^{8} x_i,$$
$$\text{s.t.} \begin{cases} x_j \geq x_i + t_{ij}, & (i,j) \in \widetilde{A}, \\ x_i \geq 0, & i = 1,2,\cdots,8. \end{cases} \quad (4.1)$$

式中:$\widetilde{A}$ 是所有作业的集合。

然后用下面的递推公式求其他指标。

$$\begin{aligned} z_8 &= x_8, \\ z_i &= \min_j \{z_j - t_{ij}\}, \quad i = 7,6,\cdots,1, (i,j) \in \widetilde{A} \end{aligned} \quad (4.2)$$

$$es_{ij} = x_i, \quad (i,j) \in \widetilde{A}, \quad (4.3)$$

$$ls_{ij} = z_j - t_{ij}, \quad (i,j) \in \widetilde{A}, \quad (4.4)$$

使用式(4.3)和式(4.4)可以得到所有作业的最早开工时间和最迟开工时间,如表4.8所示,方括号中第1个数字是最早开工时间,第2个数字是最迟开工时间。

表 4.8 作业数据

A	B	C	D	E	F	G	H
[0,0]	[0,11]	[6,6]	[9,9]	[11,11]	[5,16]	[14,14]	[18,18]

从表4.8可以看出,当最早开工时间与最迟开工时间相同时,对应的作业在关键路线上。关键路线为 1→2→4→5→6→7→8,关键路径的长度是20周。

(3) 设 x_i 是事件 i 的开始时间,t_{ij} 是作业 (i,j) 的计划时间,m_{ij} 是完成作业 (i,j) 的最短时间,y_{ij} 是作业 (i,j) 可能减少的时间,c_{ij} 是作业 (i,j) 缩短一天增加的费用,因此有

$$x_j - x_i \geq t_{ij} - y_{ij} \text{ 且 } 0 \leq y_{ij} \leq t_{ij} - m_{ij}.$$

17周是要求完成全部作业的天数,1 为最初事件,8 为最终事件,所以有 $x_8 - x_1 \leq 17$。而问题的总目标是使额外增加的费用最小,即目标函数为 $\min \sum_{(i,j) \in \widetilde{A}} c_{ij} y_{ij}$。由此得到相应的数学规划问题:

$$\min \sum_{(i,j) \in A} c_{ij} y_{ij},$$
$$\text{s.t.} \begin{cases} x_j - x_i + y_{ij} \geq t_{ij}, & (i,j) \in \widetilde{A}, \\ x_8 - x_1 \leq 17, \\ 0 \leq y_{ij} \leq t_{ij} - m_{ij}, & (i,j) \in \widetilde{A}. \end{cases}$$

求得作业 C 可以缩短一周,作业 G 可以缩短 2 周,额外支付的费用为 700 元。

(4) 设 $t_{ij}, a_{ij}, e_{ij}, b_{ij}$ 分别是完成作业 (i,j) 的实际时间(是一随机变量)、最乐观时间、最可能时间、最悲观时间,通常用下面的方法计算相应的数学期望和方差:

$$E(t_{ij}) = \frac{a_{ij} + 4e_{ij} + b_{ij}}{6}, \quad (4.5)$$

$$\mathrm{Var}(t_{ij}) = \frac{(b_{ij} - a_{ij})^2}{36}. \quad (4.6)$$

设 T 为实际工期,即

$$T = \sum_{(i,j) \in \text{关键路线}} t_{ij}, \quad (4.7)$$

由中心极限定理,可以假设 T 服从正态分布,并且期望值和方差满足

$$\overline{T} = E(T) = \sum_{(i,j) \in \text{关键路线}} E(t_{ij}), \quad (4.8)$$

$$S^2 = \text{Var}(T) = \sum_{(i,j) \in \text{关键路线}} \text{Var}(t_{ij}). \quad (4.9)$$

设规定的工期为 d,则在规定的工期内完成整个项目的概率为

$$P\{T \le d\} = \Phi\left(\frac{d-\overline{T}}{S}\right), \quad (4.10)$$

式中:$\Phi(x)$ 为标准正态分布的分布函数。

对于这个问题采用最长路的方法。先按式(4.5)计算出各作业的期望值,引进 0-1 变量

$$s_{ij} = \begin{cases} 1, & \text{作业}(i,j)\text{位于关键路径上}, \\ 0, & \text{否则} . \end{cases}$$

建立如下求关键路径的数学规划模型:

$$\max \sum_{(i,j) \in \widetilde{A}} E(t_{ij}) s_{ij},$$

$$\text{s. t.} \begin{cases} \sum_{(1,j) \in \widetilde{A}} s_{1j} = 1, \\ \sum_{j:(i,j) \in \widetilde{A}} s_{ij} - \sum_{j:(j,i) \in \widetilde{A}} s_{ji} = 0, \quad i = 2,3,\cdots,7, \\ \sum_{(j,8) \in \widetilde{A}} s_{j8} = 1, \\ s_{ij} = 0 \text{ 或 } 1, \quad (i,j) \in \widetilde{A}. \end{cases}$$

求解上述数学规划模型即可得到关键路径和完成整个项目的时间,再由式(4.6)计算出关键路线上各作业方差的估计值,最后利用式(4.10)即可计算出完成作业的概率。

计算得到关键路线的时间期望为 20.1667 天,标准差为 1.7717,产品在 21 周上市的概率为 68.1%,以 95% 的概率完成新产品上市所需的周数为 23.0808 周。

```
clc, clear
L=[1,2,6,4,800,2,6,10;1,3,5,3,600,4,5,6
   2,4,3,1,300,2,3,4;3,7,2,1,300,3,4,5
   4,5,2,1,600,1,2,3;5,6,3,1,400,1,3,5
   6,7,4,2,200,2,4,6;7,8,2,2,200,1,2,4];

p1=optimproblem; n=8; N=size(L,1);
x=optimvar('x',n,'LowerBound',0);
p1.Objective=sum(x); con1=optimconstr(N);
for k=1:N
    con1(k)=x(L(k,2))>=x(L(k,1))+L(k,3);
end
```

```matlab
p1.Constraints.con1 = con1;
[s1,f1] = solve(p1), xx = s1.x, z(n) = xx(n);
for k = n-1:-1:1
    ind = find(L(:,1) == k);
    z(k) = min(z(L(ind,2))-L(ind,3)');
end
els = [];
for i = 1:N
    els = [els;[L(i,1),L(i,2),xx(L(i,1)),z(L(i,2))-L(i,3)]];
end
els                                        % 显示作业的最早和最晚开工时间

p2 = optimproblem; obj2 = 0;
y = optimvar('y', n, n, 'Type','integer','LowerBound',0);
con2 = optimconstr(2*N+1); con2(1) = x(n)-x(1) <= 17;
for k = 1:N
    obj2 = obj2+L(k,5)*y(L(k,1),L(k,2));
    con2(2*k) = L(k,3) <= x(L(k,2))-x(L(k,1))+y(L(k,1),L(k,2));
    con2(2*k+1) = y(L(k,1),L(k,2)) <= L(k,3)-L(k,4);
end
p2.Objective = obj2; p2.Constraints.con2 = con2;
[s2, f2] = solve(p2); xx2 = s2.x, yy = s2.y
[i,j] = find(yy); ij2 = [i'; j']

et = (L(:,6)+4*L(:,7)+L(:,8))/6;        % 计算均值
dt = (L(:,8)-L(:,6)).^2/36;             % 计算方差
p3 = optimproblem('ObjectiveSense','max');
obj3 = 0; con3 = optimconstr(n);
x3 = optimvar('x3',n,n,'Type','integer','LowerBound',0,'UpperBound',1);
for k = 1:N
    obj3 = obj3+x3(L(k,1),L(k,2))*et(k);
end
ind1 = find(L(:,1) == 1); con3(1) = sum(x3(1,L(ind1,2))) == 1;
for i = 2:n-1
    out = find(L(:,1) == i); in = find(L(:,2) == i);
    con3(i) = sum(x3(i,L(out,2))) == sum(x3(L(in,1),i));
end
indn = find(L(:,2) == n); con3(n) = sum(x3(L(indn,1),n)) == 1;
p3.Constraints.con3 = con3; p3.Objective = obj3;
[s3, f3] = solve(p3), xx3 = s3.x3
[i,j] = find(xx3); ij3 = [i, j]
s2 = 0;                                 % 方差的初值
for k = 1:size(ij3,1)
```

```
            s2 = s2+dt(find(ismember(L(:,[1,2]),ij3(k,:),'rows')));
         end
         s = sqrt(s2), p = normcdf(21,f3,s)        % 计算标准差和概率
         n = norminv(0.95) * s+f3
```

补 充 习 题

4.13 Voronoi 图。Voronoi 图最早应用在气象学中,荷兰气候学家 Thiessen A. H. 利用它研究降雨量的问题。

设 $S = \{p_1, p_2, \cdots, p_n\}$ 为二维欧几里得空间上的点集,将由

$$V(p_i) = \bigcap_{j \neq i} \{p \mid d(p, p_i) < d(p, p_j)\}, i = 1, 2, \cdots, n$$

所给出的对平面的剖分,称为以 p_i 为生成元的 Voronoi 图,简称为 V 图。图中的顶点和边分别称为 Voronoi 点和 Voronoi 边,$V(p_i)$ 称为点 p_i 的 Voronoi 区域(多边形),其中 $d(p, p_i)$ 为点 p 和点 p_i 之间的欧几里得距离。

Voronoi 图将相邻两个生成元相连接,并且作出连接线段的垂直平分线,这些垂直平分线之间的交线就形成一些多边形,这样就把整个平面剖分成一些分区域,一个分区域只含有一个生成元,分区域内生成元的属性可以代替此分区域的属性,而且可以根据分区域的面积作为权重推测出该区域中生成元的平均水平。

若两个生成元 p_i、p_j 的 Voronoi 区域有公共边,就连接这两个点,以此类推遍历这 n 个生成元,可以得到一个连接点集 S 的唯一确定的网络,称为 Delaunay 三角网格,图 4.13 是 Matlab 软件画出的 10 平面点的 Voronoi 图及对偶 Delaunay 三角网格图。

Voronoi 图具有下列重要性质:

(1) Voronoi 图与 Delaunay 三角网格图对偶;

(2) Voronoi 图具有局域动态性,即增加和删除一个生成元只影响相邻生成元的 Voronoi 区域;

(3) 如果点 p 在区域 $V(p_i)$ 中,则 p 到各生成元的距离中,到生成元 p_i 的距离最小;

(4) 两个相邻 Voronoi 区域的公共边上任意一点到这两个区域的生成元距离相等;

(5) Voronoi 区域的顶点到邻近的生成元的距离相等,即与这个顶点有关的 Voronoi 区域的生成元共圆,称这个圆为最大空圆。

画出表 4.9 中数据对应的 10 个点的 Voronoi 图及其对偶 Delauny 三角网格图。

表 4.9 数据点横坐标与纵坐标数据

x	0.9501	0.2311	0.6068	0.486	0.8913	0.7621	0.4565	0.0185	0.8214	0.4447
y	0.9528	0.7041	0.9539	0.5982	0.8407	0.4428	0.8368	0.5187	0.0222	0.3759

解 画图的 Matlab 程序如下:

```
clc, clear, close all
x = [0.9501 0.2311 0.6068 0.4860 0.8913 0.7621 0.4565 0.0185 0.8214 0.4447];
```

```
y = [0.9528 0.7041 0.9539 0.5982 0.8407 0.4428 0.8368 0.5187 0.0222 0.3759];
subplot(131),voronoi(x,y);              % 直接画 Voronoi 图
title('Voronoi 图')
subplot(132),plot(x,y,'.'), hold on
tri = delaunay(x,y)                     % 生成 delaunay 三角剖分,每行是一个三角形的顶点序号索引
triplot(tri,x,y,'k-');                  % 画 delaunay 三角形
title('delaunay 三角形')
[vx,vy] = voronoi(x,y);                 % 生成 Voronoi 图顶点的横坐标和纵坐标
subplot(133),plot(x,y,'kP',vx,vy,'k--'); % 根据顶点坐标画 Voronoi 图
xlim([0 1]), ylim([0 1])                % 限制 x 轴和 y 轴的范围
hold on, triplot(tri,x,y,'k-');         % 画 delaunay 三角形
title('对比图')
```

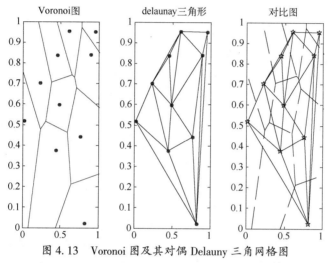

图 4.13 Voronoi 图及其对偶 Delauny 三角网格图

4.14 画出向量[0,1,2,2,4,4,4,1,8,8,10,10]索引关系对应的树,其中第 1 个分量为 0,表示节点 1 的父节点为 0,即节点 1 为根节点,第 2 个分量为 1,表示节点 2 的父节点为节点 1,依次类推。

解 画出的树图如图 4.14 所示。

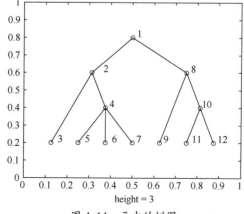

图 4.14 画出的树图

```
clc, clear, close all
nodes = [0 1 2 2 4 4 4 1 8 8 10 10];
treeplot(nodes,'ok','k'), n = length(nodes);
[x,y] = treelayout(nodes)
s=cellstr(num2str((1:n)'))
text(x+0.008, y, s,'FontSize',10,'color','k')
```

第 5 章 插值与拟合习题解答

5.1 在区间上 $[0,10]$ 上等间距取 1000 个点 $x_i(i=1,2,\cdots,1000)$，计算在这些点 x_i 处函数 $g(x)=\dfrac{(3x^2+4x+6)\sin x}{x^2+8x+6}$ 的函数值 y_i，利用观测点 $(x_i,y_i)(i=1,2,\cdots,1000)$，求三次样条插值函数 $\hat{g}(x)$，画出插值函数 $\hat{g}(x)$ 的图形，并求积分 $\int_0^{10}g(x)\mathrm{d}x$ 和 $\int_0^{10}\hat{g}(x)\mathrm{d}x$。

解 所画出的插值函数 $\hat{g}(x)$ 的图形如图 5.1 所示，求得积分
$$\int_0^{10}g(x)\mathrm{d}x = 2.2430,\int_0^{10}\hat{g}(x)\mathrm{d}x = 2.2430.$$

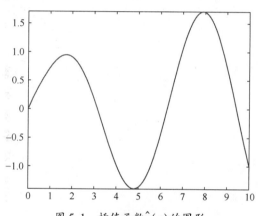

图 5.1 插值函数 $\hat{g}(x)$ 的图形

```
clc,clear
x=linspace(0,10,1000);
gx=@(x)(3*x.^2+4*x+6).*sin(x)./(x.^2+8*x+6);
y=gx(x);                    % 计算函数值
pp=csape(x,y);              % 求三次样条插值,返回的是 pp 结构
gh=@(x)fnval(pp,x);         % 写出三次样条插值的匿名函数
fplot(gh,[0,10])
I1=integral(gx,0,10), I2=integral(gh,0,10)
```

5.2 附件 1:区域高程数据.xlsx 给出了某区域 43.65×58.2(km²) 的高程数据,用双三次样条插值求该区域地表面积的近似值。

解 已知给出的是 50×50 网格节点上的数据,我们首先利用双三次样条插值,把数据加密成 10×10 网格节点上的数据,然后把地表面积近似地看成一些三角形面积的和,已知空间中三点 $(a_i,b_i,c_i)(i=1,2,3)$,由两点间的距离公式,可以求得三个边的长度 L_1、L_2、L_3,记

$$p = (L_1 + L_2 + L_3)/2,$$

则三角形的面积为

$$S = \sqrt{p(p-L_1)(p-L_2)(p-L_3)}.$$

利用 Matlab 软件,把所有三角形的面积累加起来,得地表面积的近似值为 $2.5768 \times 10^9 \mathrm{m}^2$。

```
clc, clear
z0 = readmatrix('附件1:区域高程数据.xlsx','Range','A1:ARU874');   %读入高程数据
[m0,n0] = size(z0);
x0 = 0:50:(m0-1)*50; y0 = 0:50:(n0-1)*50;
x = 0:10:max(x0); y = 0:10:max(y0);
pp = csape({x0,y0},z0);            %双三次样条插值
z = fnval(pp,{x,y});
m = length(x); n = length(y); s = 0;
for i = 1:m-1
    for j = 1:n-1
        p1 = [x(i),y(j),z(i,j)];
        p2 = [x(i+1),y(j),z(i+1,j)];
        p3 = [x(i+1),y(j+1),z(i+1,j+1)];
        p4 = [x(i),y(j+1),z(i,j+1)];
        p12 = norm(p1-p2); p23 = norm(p3-p2); p13 = norm(p3-p1);
        p14 = norm(p4-p1); p34 = norm(p4-p3);
        z1 = (p12+p23+p13)/2; s1 = sqrt(z1*(z1-p12)*(z1-p23)*(z1-p13));
        z2 = (p13+p14+p34)/2; s2 = sqrt(z2*(z2-p13)*(z2-p14)*(z2-p34));
        s = s+s1+s2;
    end
end
s  %显示面积的计算值
```

5.3 已知当温度为 $T = [700,720,740,760,780]$ 时,过热蒸汽体积的变化为 $V = [0.0977,0.1218,0.1406,0.1551,0.1664]$,分别采用线性插值和三次样条插值求解 $T = 750,770$ 时的体积变化,并在一个图形界面中画出线性插值函数和三次样条插值函数的图形。

解 线性插值时,$T = 750,770$ 时的体积变化分别为 $0.1478,0.1608$。
三次样条插值时,$T = 750,770$ 时的体积变化分别为 $0.1483,0.1611$。
线性插值函数和三次样条插值函数的图形如图 5.2 所示。

```
clc, clear, close all
t = 700:20:780; v = [0.0977,0.1218,0.1406,0.1551,0.1664];
v1 = interp1(t,v,[750,770])          %计算线性插值的值
pp = csape(t,v);
v2 = fnval(pp,[750,770])              %计算三次样条插值的值
plot(t,v,'*-')                        %画线性插值的图形
hold on, fplot(@(t)fnval(pp,t),[700,780])   %画三次样条曲线
```

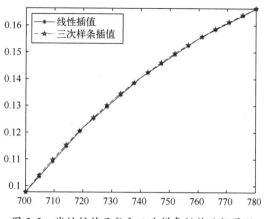

图 5.2　线性插值函数和三次样条插值函数图形

5.4　某种合金的含铅量百分比为 $p(\%)$，其熔解温度为 $\theta(℃)$，由实验测得 p 与 θ 的数据如表 5.1 所示，试用最小二乘法建立 θ 与 p 之间的经验公式 $\theta=ap+b$。

表 5.1　θ 与 p 的观测数据

p	36.9	46.7	63.7	77.8	84.0	87.5
θ	181	197	235	270	283	292

解　记 p 和 θ 的观测值分别为 $p_i, \theta_i (i=1,2,\cdots,6)$。拟合参数 a,b 的准则是最小二乘准则，即求 a,b，使得

$$\delta(a,b) = \sum_{i=1}^{6} (ap_i + b - \theta_i)^2$$

达到最小值，由极值的必要条件，得

$$\begin{cases} \dfrac{\partial \delta}{\partial a} = 2\sum_{i=1}^{6} (ap_i + b - \theta_i)p_i = 0, \\ \dfrac{\partial \delta}{\partial b} = 2\sum_{i=1}^{6} (ap_i + b - \theta_i) = 0, \end{cases}$$

化简，得到正规方程组

$$\begin{cases} a\sum_{i=1}^{6} p_i^2 + b\sum_{i=1}^{6} p_i = \sum_{i=1}^{6} \theta_i p_i, \\ a\sum_{i=1}^{6} p_i + 6b = \sum_{i=1}^{6} \theta_i. \end{cases}$$

解之，得 a,b 的估计值分别为

$$\hat{a} = \frac{\sum_{i=1}^{6}(p_i - \bar{p})(\theta_i - \bar{\theta})}{\sum_{i=1}^{6}(p_i - \bar{p})^2},$$

$$\hat{b} = \bar{\theta} - \hat{a}\bar{p},$$

式中:$\bar{p}=\frac{1}{6}\sum_{i=1}^{6}\bar{p}_i,\bar{\theta}=\frac{1}{6}\sum_{i=1}^{6}\theta_i$ 分别为 p_i 的均值和 θ_i 的均值。

利用给定的观测值和 Matlab 软件,求得 a,b 的估计值为 $\hat{a}=2.2337,\hat{b}=95.3524$。

```
clc, clear
p=[36.9  46.7  63.7  77.8  84.0  87.5]';
y=[181  197  235  270  283  292]';
pb=mean(p); yb=mean(y);
ah=sum((p-pb).*(y-yb))/sum((p-pb).^2)      % 求 a 的估计值
bh=yb-ah*pb                                 % 求 b 的估计值
mat=[p,ones(6,1)]; ab=mat\y                 % 解超定线性方程组
```

5.5 多项式 $f(x)=a_3x^3+a_2x^2+a_1x+a_0$,取 $a_3=8,a_2=5,a_1=2,a_0=-1$,在 $[-6,6]$ 上等步长取 100 个点作为 x 的观测值,计算对应的函数值作为 y 的观测值;把得到的观测值记作 $(x_i,y_i),i=1,2,\cdots,100$。

(1) 利用观测值 $(x_i,y_i),i=1,2,\cdots,100$,拟合三次多项式。

(2) 把每个 y_i 加上白噪声,即加上一个服从标准正态分布的随机数,把得到的数据记作 $\tilde{y}_i(i=1,2,\cdots,100)$,利用 $(x_i,\tilde{y}_i),i=1,2,\cdots,100$,拟合三次多项式。

解 (1) 拟合的三次多项式为 $\hat{y}_1=8x^3+5x^2+2x-1$。

(2) 拟合的三次多项式为 $\hat{y}_2=8.003x^3+4.991x^2+1.957x^2-1.008$。

```
clc, clear, rng(2)              % 为了一致性比较,取确定的随机数种子
p=[8 5 2 -1]; x=linspace(-6,6);
y=polyval(p,x); yh=y+normrnd(0,1,size(y));       % 生成噪声数据
p1=fit(x',y','poly3')           % 用无噪声数据拟合三次多项式
p2=fit(x',yh','poly3')          % 用噪声数据拟合三次多项式
```

5.6 函数 $g(x)=\dfrac{10a}{10b+(a-10b)e^{-a\sin x}}$,取 $a=1.1,b=0.01$,计算 $x=1,2,\cdots,20$ 时,$g(x)$ 对应的函数值,把这样得到的数据作为模拟观测值,记作 $(x_i,y_i),i=1,2,\cdots,20$。利用 $(x_i,y_i),i=1,2,\cdots,20$ 求解如下问题:

(1) 用 lsqcurvefit 拟合函数 $\hat{g}_1(x)$;

(2) 用 fittype 和 fit 拟合函数 $\hat{g}_2(x)$。

解 求得的拟合函数还是原来的函数。

```
clc, clear
gx=@(a,b,x)10*a./(10*b+(a-10*b)*exp(-a*sin(x)));
x0=[1:20]'; y0=gx(1.1, 0.01, x0);
gxn=@(t,x)10*t(1)./(10*t(2)+(t(1)-10*t(2))*exp(-t(1)*sin(x)));
ab1=lsqcurvefit(gxn,rand(1,2),x0,y0)
f=fittype(gx)                   % 转换为 fit 需要的函数类
ab2=fit(x0,y0,f,'StartPoint',rand(1,2))
```

5.7 对于函数 $f(x,y)=axy/(1+b\sin(x))$,取模拟数据 x=linspace(-6,6,30); y=linspace(-6,6,40); [x,y]=meshgrid(x,y); 取 $a=2,b=3$,计算对应的函数值 z;利用上述得到的数据(x,y,z),反过来拟合函数 $f(x,y)=axy/(1+b\sin(x))$。

解 由于是非线性拟合,解是不稳定的。

```
clc,clear
fxy=@(a,b,x,y)a*x.*y./(1+b*sin(x));      %定义匿名函数
x=-6:0.5:6; y=-6:0.4:6; [x,y]=meshgrid(x,y);
z=fxy(2,3,x,y); x=x(:); y=y(:); z=z(:);
fh=fittype(fxy,'independent',{'x','y'},'dependent','z')
f=fit([x,y],z,fh,'StartPoint',rand(1,2))
```

5.8 已知一组观测数据,如表 5.2 所示。

表 5.2 观测数据

x_i	-2	-1.7	-1.4	-1.1	-0.8	-0.5	-0.2	0.1
y_i	0.1029	0.1174	0.1316	0.1448	0.1566	0.1662	0.1733	0.1775
x_i	0.4	0.7	1	1.3	1.6	1.9	2.2	2.5
y_i	0.1785	0.1764	0.1711	0.1630	0.1526	0.1402	0.1266	0.1122
x_i	2.8	3.1	3.4	3.7	4	4.3	4.6	4.9
y_i	0.0977	0.0835	0.0702	0.0588	0.0479	0.0373	0.0291	0.0224

(1) 试用插值方法绘制出 $x \in [-2, 4.9]$ 区间内的曲线,并比较各种插值算法的优劣。

(2) 试用最小二乘多项式拟合方法拟合表中数据,选择一个能较好拟合数据点的多项式的阶次,给出相应多项式的系数和剩余标准差。

(3) 若表中数据满足正态分布密度函数 $y(x) = \dfrac{1}{\sqrt{2\pi}\sigma} e^{-\dfrac{(x-\mu)^2}{2\sigma^2}}$,试用最小二乘非线性拟合方法求出分布参数 μ, σ 值,并利用所求参数值绘制拟合曲线,观察拟合效果。

解 (1) 画出的三种插值结果如图 5.3 所示。三次样条插值效果最好,曲线是光滑的。分段线性插值的曲线不光滑。拉格朗日插值发生振荡,效果最差。

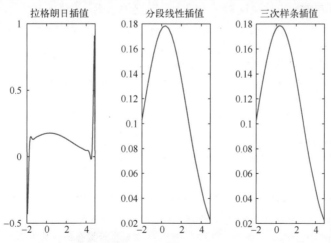

图 5.3 三种插值结果对比

(2) 拟合一般不用高次多项式,最高不超过 4 次。这里我们分别使用 1、2、3、4 次多项式拟合,通过剩余标准差这个指标,最终选择 4 次多项式,4 次多项式为

$$p(x) = 0.0003x^4 + 0.0001x^3 - 0.0152x^2 + 0.0091x + 0.1751.$$

（3）求得 μ, σ 的拟合值分别为 $\hat{\mu} = 0.3483, \hat{\sigma} = 2.2349$。拟合的正态分布密度函数曲线如图5.4所示。

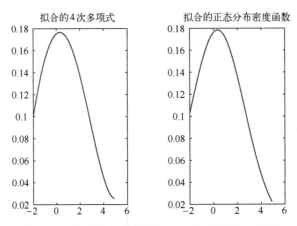

图5.4　拟合的4次多项式和正态分布密度函数曲线

```
clc, clear, close all, a=load('data5_8.txt');
x0=a([1:2:end],:)'; x0=x0(:);
y0=a([2:2:end],:)'; y0=y0(:);
x=linspace(-2,4.9,100);              % 插值节点
y1=lagrange(x0,y0,x)
subplot(131), plot(x,y1), title('拉格朗日插值')
yx2=griddedInterpolant(x0,y0)        % 分段线性插值
y2=yx2(x), subplot(132), plot(x,y2), title('分段线性插值')
yx3=griddedInterpolant(x0,y0,'spline')   % 三次样条插值
y3=yx3(x), subplot(133), plot(x,y3), title('三次样条插值')

for i = 1:4
fprintf('拟合%s次多项式:',int2str(i))
    s=['poly',int2str(i)]            % 拼接字符串
    [fx, st]=fit(x0,y0,s)
end
figure, subplot(121)
plot(x,fx(x)), title('拟合的4次多项式')

ft=fittype('1/(sqrt(2*pi)*s)*exp(-(x-mu)^2/(2*s^2))')
[f,st] = fit(x0,y0,ft,'StartPoint', rand(1,2))
xs=coeffvalues(f)                    % 显示拟合的参数
subplot(122), plot(x, f(x))
title('拟合的正态分布密度函数')

function y=lagrange(x0,y0,x);
```

```
n=length(x0);m=length(x);
for i=1:m
  z=x(i); s=0.0;
  for k=1:n
    p=1.0;
    for j=1:n
      if j~=k
        p=p*(z-x0(j))/(x0(k)-x0(j));
      end
    end
    s=p*y0(k)+s;
  end
  y(i)=s;
end
end
```

5.9(水箱水流量问题) 许多供水单位由于没有测量流入或流出水箱流量的设备,而只能测量水箱中的水位。试通过测得的某时刻水箱中水位的数据,估计在任意时刻(包括水泵灌水期间)t流出水箱的流量$f(t)$。

给出原始数据表5.3,其中长度单位为E(1E=30.24cm)。水箱为圆柱体,其直径为57E。假设:

(1) 影响水箱流量的唯一因素是该区公众对水的普通需要;
(2) 水泵的灌水速度为常数;
(3) 从水箱中流出水的最大流速小于水泵的灌水速度;
(4) 每天的用水量分布都是相似的;
(5) 水箱的流水速度可用光滑曲线来近似。

表 5.3 水位数据表

时间/s	水位/10^{-2}E	时间/s	水位/10^{-2}E
0	3175	44636	3350
3316	3110	49953	3260
6635	3054	53936	3167
10619	2994	57254	3087
13937	2947	60574	3012
17921	2892	64554	2927
21240	2850	68535	2842
25223	2795	71854	2767
28543	2752	75021	2697
32284	2697	79254	泵水
35932	泵水	82649	泵水
39332	泵水	85968	3475
39435	3550	89953	3397
43318	3445	93270	3340

解 要估计在任意时刻(包括水泵灌水期间)t 流出水箱的流量 $f(t)$,分如下两步。

(1) 水塔中水的体积的计算。计算水的流量,首先需要计算出水塔中水的体积

$$V=\frac{\pi}{4}D^2h,$$

式中:D 为水塔的直径;h 为水塔中的水位高度。

(2) 水塔中水流速度的估计。水流速度应该是水塔中水的体积对时间的导数,但由于没有每一时刻水体积的具体数学表达式,因此只能用差商近似导数。

由于在两个时段,水泵向水塔供水,无法确定水位的高度,因此在计算水塔中水流速度时要分三段计算。第一段为 0~32284s,第二段为 39435~75021s,第三段为 85968~93270s。

上面计算仅给出流速的离散值,如果想得到流速的连续型曲线,则需要作插值处理,这里可以使用三次样条插值。

如果要计算 24h 的用水量,则需要对水流速度做积分,由于没有给出流速的表达式,因此可以采用数值积分的方法计算。

画出的流速图如图 5.5 所示。求得的日用水总量为 1358.4m³。

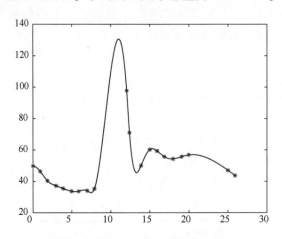

图 5.5 流速的散点图和样条插值函数图

用 Matlab 软件计算时,首先把原始数据保存到纯文本文件 data5_9.txt 中,并且把"泵水"替换为数值-1。计算的 Matlab 程序如下:

```
clc, clear, close all
a=load('data5_9.txt');
t0=a(:,[1,3]); t0=t0(:);        % 提出时间数据,并展开成列向量
h0=a(:,[2,4]); h0=h0(:);        % 提出高度数据,并展开成列向量
hs = 0.3024;                    % 单位换算数据
D = 57 * hs;                    % 水塔直径,单位为 m
h = h0/100 * hs;                % 高度数据,单位换算成 m
t = t0/3600;                    % 时间单位化成小时
V = pi/4 * D^2 * h;             % 计算各时刻的体积
dv = gradient(V,t);             % 计算各时刻的数值导数(导数近似值)
```

```
no1=find(h0==-1)                              % 找出原始无效数据的地址
no2=[no1(1)-1:no1(2)+1,no1(3)-1:no1(4)+1]     % 找出导数数据的无效地址
tt=t; tt(no2)=[];                             % 删除导数数据无效地址对应的时间
dv2=-dv; dv2(no2)=[];                         % 给出各时刻的流速
plot(tt,dv2,'*')                              % 画出流速的散点图
pp=csape(tt,dv2);                             % 对流速进行插值
tt0=0:0.1:tt(end);                            % 给出插值点
fdv=fnval(pp,tt0);                            % 计算各插值点的流速值
hold on, plot(tt0,fdv)                        % 画出插值曲线
I=trapz(tt0(1:241),fdv(1:241))                % 计算24h内总流量的数值积分
```

第6章 微分方程习题解答

6.1 求下列微分方程的符号解,其中的初值 $y(0)$ 分别等于1、2、3、4 时,在同一窗口画出 $-2 \leq x \leq 4$ 时的四条积分曲线。

$$y' - y = \sin x.$$

解 所画出的图形如图 6.1 所示。

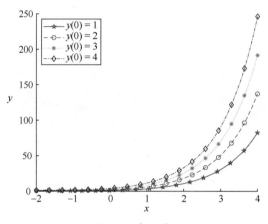

图 6.1 解曲线

```
clc, clear, close all, syms y(x)
str={'-p','--o',':*','-.d'}; hold on
for k=1:4
    s=dsolve(diff(y)-y-sin(x),y(0)==k);
    fplot(s,[-2,4],str{k});
end
legend({'$y(0)=1$','$y(0)=2$','$y(0)=3$','$y(0)=4$'},...
    'Location','northwest','Interpreter','Latex')
xlabel('$x$','Interpreter','latex')
ylabel('$y$','Interpreter','latex','Rotation',0)
```

6.2 求下列微分方程符号解和数值解,并画出解的图形。

$$x^2 y'' + xy' + (x^2 - n^2)y = 0, y\left(\frac{\pi}{2}\right) = 2, y'\left(\frac{\pi}{2}\right) = -\frac{2}{\pi} (\text{贝塞尔方程},\text{取 } n = \frac{1}{2})。$$

解 求得的符号解为

$$y = \sqrt{\frac{2\pi}{x}} \sin x.$$

求得的符号解和数值解的图形如图 6.2 所示,可见符号解和数值解吻合得很好。

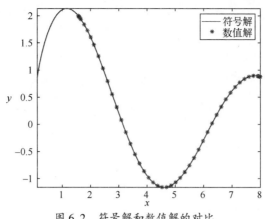

图 6.2 符号解和数值解的对比

```
clc, clear, close all, syms y(x)
Dy=diff(y);                                     % 为了赋初值,定义一阶导数
y=dsolve(x^2*diff(y,2)+x*diff(y)+(x^2-1/4)*y,y(sym(pi)/2)==2,...
    Dy(sym(pi)/2)==-2/sym(pi))
fplot(y), hold on
dy=@(x,y) [y(2); (1/4/x^2-1)*y(1)-y(2)/x];      % 定义微分方程组的右端项
[x,y]=ode45(dy,[pi/2,8],[2,-2/pi])              % 调用求数值解的命令
plot(x,y(:,1),'*')                              % 画数值解的图形
legend('符号解','数值解')                        % 对图形进行标注
xlabel('$x$','Interpreter','latex')
ylabel('$y$','Interpreter','latex','Rotation',0)
```

6.3 求微分方程组的数值解。

$$\begin{cases} x'=-x^3-y, & x(0)=1, \\ y'=x-y^3, & y(0)=0.5, \end{cases} \quad 0 \leqslant t \leqslant 30.$$

要求画出 $x(t),y(t)$ 的解曲线图形,在相平面上画出轨线。

解 所画的图形如图 6.3 所示。

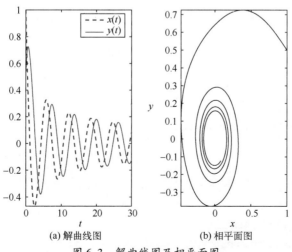

(a) 解曲线图　　(b) 相平面图

图 6.3 解曲线图及相平面图

```
clc, clear, close all
eq=@(t,z)[-z(1)^3-z(2); z(1)-z(2)^3]; % z(1)=x,z(2)=y
s=ode45(eq,[0,30],[1;0.5])
subplot(121), fplot(@(t)deval(s,t,1),[0,30],'--','LineWidth',1.2)
hold on, fplot(@(t)deval(s,t,2),[0,30],'LineWidth',1.2)
legend({'$x(t)$','$y(t)$'},'Location','best','Interpreter','Latex')
xlabel('$t$','Interpreter','latex')
subplot(122), fplot(@(t)deval(s,t,1),@(t)deval(s,t,2),[0,30],'k')
xlabel('$x$','Interpreter','latex')
ylabel('$y$','Interpreter','latex','Rotation',0)
```

6.4 求微分方程组(竖直加热板的自然对流)的数值解。

$$\begin{cases} \dfrac{\mathrm{d}^3 f}{\mathrm{d}\eta^3} + 3f\dfrac{\mathrm{d}^2 f}{\mathrm{d}\eta^2} - 2\left(\dfrac{\mathrm{d}f}{\mathrm{d}\eta}\right)^2 + T = 0, \\ \dfrac{\mathrm{d}^2 T}{\mathrm{d}\eta^2} + 2.1f\dfrac{\mathrm{d}T}{\mathrm{d}\eta} = 0. \end{cases}$$

已知当 $\eta=0$ 时,$f=0$,$\dfrac{\mathrm{d}f}{\mathrm{d}\eta}=0$,$\dfrac{\mathrm{d}^2 f}{\mathrm{d}\eta^2}=0.68$,$T=1$,$\dfrac{\mathrm{d}T}{\mathrm{d}\eta}=-0.5$。要求在区间$[0,10]$上,画出 $f(\eta)$,$T(\eta)$ 的解曲线。

解 引进变量

$$y_1=f,\quad y_2=\dfrac{\mathrm{d}f}{\mathrm{d}\eta},\quad y_3=\dfrac{\mathrm{d}^2 f}{\mathrm{d}\eta^2},\quad y_4=T,\quad y_5=\dfrac{\mathrm{d}T}{\mathrm{d}\eta},$$

把高阶微分方程组化成一阶微分方程组:

$$\begin{cases} \dfrac{\mathrm{d}y_1}{\mathrm{d}\eta}=y_2, & y_1(0)=0, \\ \dfrac{\mathrm{d}y_2}{\mathrm{d}\eta}=y_3, & y_2(0)=0, \\ \dfrac{\mathrm{d}y_3}{\mathrm{d}\eta}=-3y_1 y_3+2y_2^2-y_4, & y_3(0)=0.68, \\ \dfrac{\mathrm{d}y_4}{\mathrm{d}\eta}=y_5, & y_4(0)=1, \\ \dfrac{\mathrm{d}y_5}{\mathrm{d}\eta}=-2.1y_1 y_5, & y_5(0)=-0.5. \end{cases}$$

所画出的解曲线图形如图 6.4 所示。

```
clc, clear, close all
f=@(t,y)[y(2);y(3);-3*y(1)*y(3)+2*y(2)^2-y(4);y(5);-2.1*y(1)*y(5)];
y0=[0;0;0.68;1;-0.5]; [t,s]=ode45(f,[0,10],y0)
plot(t,s(:,1),'*-',t,s(:,4),'--p')
legend({'$f$','$T$'},'Interpreter','Latex')
xlabel('$ \eta $','Interpreter','latex')
```

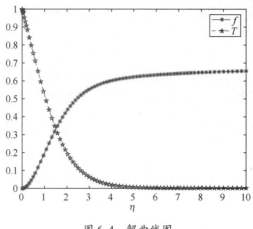

图 6.4 解曲线图

6.5 有高为 1m 的半球形容器,水从它的底部小孔流出。小孔横截面积为 1cm²。开始时容器内盛满了水,求水从小孔流出过程中容器里水面的高度 h(水面与孔口中心的距离)随时间 t 变化的规律。

解 如图 6.5 所示,以底部中心为坐标原点 O,垂直向上为坐标轴的正向建立坐标系。由能量守恒原理得

$$mgh = \frac{1}{2}mv^2, \quad (6.1)$$

解得 $v = \sqrt{2gh}$。

设在微小时间间隔 $[t, t+dt]$ 内,水面高度由 h 降到 $h+dh$(这里 dh 为负值),由物质守恒原理得

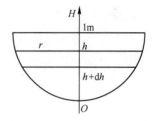

图 6.5 半球形容器及坐标系

$$S(-dh) = S_0 v dt, \quad (6.2)$$

式中:S_0 为底部小孔的横截面面积;S 为水面所在的截面面积,有

$$S = \pi r^2 = \pi[1^2 - (1-h)^2] = \pi(2h - h^2), \quad (6.3)$$

把 $v = \sqrt{2gh}$,$S_0 = 0.0001$ 和式(6.3)代入式(6.2),化简得

$$dt = \frac{10000\pi}{\sqrt{2g}}(h^{\frac{3}{2}} - 2h^{\frac{1}{2}})dh.$$

再考虑到初始条件,得到如下的微分方程模型

$$\begin{cases} \dfrac{dt}{dh} = \dfrac{10000\pi}{\sqrt{2g}}(h^{\frac{3}{2}} - 2h^{\frac{1}{2}}), \\ t(1) = 0. \end{cases}$$

利用分离变量法,可以求得微分方程的解为

$$t = \frac{2000\sqrt{2}\,\pi}{3\sqrt{g}}(3h^{\frac{5}{2}} - 10h^{\frac{3}{2}} + 7).$$

上式表达了水从小孔流出的过程中容器内水面高度 h 与时间 t 之间的关系。

```
clc,clear,syms g t(h)         %定义符号常量和变量
t=dsolve(diff(t)==10000*pi/sqrt(2*g)*(h^(3/2)-2*h^(1/2)),t(1)==0)
```

6.6 在交通十字路口,都会设置红绿灯。为了让那些正行驶在交叉路口或离交叉路口太近而无法停下的车辆通过路口,红绿灯转换中间还要亮起一段时间的黄灯。黄灯亮起时,对于一位驶近交叉路口的驾驶员来说,要安全停车则离路口太近,要想在红灯亮之前通过路口又觉太远。那么,黄灯应亮多长时间才最为合理呢?

解 假定行车速度为 v_0,交叉路口的宽度为 a,典型的车身长度为 b。考虑到车通过路口实际上指的是车的尾部必须通过路口,因此,通过路口的时间为 $\dfrac{a+b}{v_0}$。

现在计算刹车距离。设 w 为汽车重量,μ 为摩擦系数,显然,地面对汽车的摩擦力为 μw,其方向与运动方向相反。汽车在停车过程中,行驶的距离 x 与时间 t 的关系可由下面的微分方程求得

$$\frac{w}{g} \cdot \frac{\mathrm{d}^2 x}{\mathrm{d}t^2} = -\mu w, \tag{6.4}$$

式中:g 是重力加速度。

给出式(6.4)的初始条件:

$$x\big|_{t=0} = 0, \quad \frac{\mathrm{d}x}{\mathrm{d}t}\bigg|_{t=0} = v_0, \tag{6.5}$$

于是,刹车距离就是直到速度 $v=0$ 时汽车驶过的距离。

首先,求解二阶微分方程(6.4),对式(6.4)从 $0 \sim t$ 积分,再利用初始条件 $\dfrac{\mathrm{d}x}{\mathrm{d}t}\bigg|_{t=0} = v_0$,得

$$\frac{\mathrm{d}x}{\mathrm{d}t} = -\mu g t + v_0, \tag{6.6}$$

在 $x\big|_{t=0} = 0$ 的条件下对式(6.6)从 $0 \sim t$ 积分,得

$$x = -\frac{1}{2}\mu g t^2 + v_0 t. \tag{6.7}$$

在式(6.6)中令 $\dfrac{\mathrm{d}x}{\mathrm{d}t} = 0$,得到刹车所用的时间为

$$t_0 = \frac{v_0}{\mu g},$$

从而得到

$$x(t_0) = \frac{v_0^2}{2\mu g}.$$

计算黄灯状态的时间为

$$y = \frac{x(t_0) + a + b}{v_0} + T,$$

式中:T 是驾驶员的反应时间。于是

$$y = \frac{v_0}{2\mu g} + \frac{a+b}{v_0} + T.$$

假设 $T=1\text{s}, a=10\text{m}, b=4.5\text{m}$,另外,选取具有代表性的 $\mu = 0.2$,当 $v_0 = 30\text{km/h}, v_0 =$

50km/h 以及 $v_0=70$km/h 时,黄灯时间如表 6.1 所示。y 与 v_0 的关系如图 6.6 所示。

表 6.1 交通信号灯时间对照表

$v_0/(\text{km/h})$	30	50	70
y/s	4.8659	5.5871	6.7060

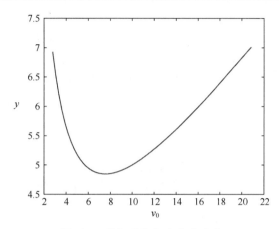

图 6.6 黄灯周期与速度的关系

```
clc,clear
T=1;a=10;b=4.5;mu=0.2;g=9.8;
v0=[30 50 70]*1000/3600;            % 速度单位换算,化成 m/s
y0=v0/2/mu/g+(a+b)./v0+T
v=[10:75]*1000/3600;                % 速度单位换算,化成 m/s
y=v/2/mu/g+(a+b)./v+T; plot(v,y)
xlabel('$v_0$','Interpreter','latex')
ylabel('$y$','Interpreter','latex','Rotation',0)
```

6.7 我们知道现在的香烟都有过滤嘴,而且有的过滤嘴还很长,据说过滤嘴可以减少毒物进入体内。你认为过滤嘴的作用到底有多大?与使用的材料和过滤嘴的长度有无关系?请你建立一个描述吸烟过程的数学模型,分析人体吸入的毒物量与哪些因素有关,以及它们之间的数量表达式。

解 (1) 模型的假设。

① 烟草和过滤嘴的长度分别为 l_1 和 l_2,香烟总长 $l=l_1+l_2$,毒物 M(mg)均匀分布在烟草中,密度为 $w_0=M/l_1$。

② 点燃处毒物随烟雾进入空气和沿香烟穿行的数量比例是 $a':a, a'+a=1$。

③ 未点燃的烟草和过滤嘴对随烟雾穿行的毒物的吸收率(单位时间内毒物被吸收的比例)分别是常数 b 和 β。

④ 烟雾沿香烟穿行的速度是常数 v,香烟燃烧速度是常数 u,且 $v \gg u$。

(2) 模型分析。

将一支烟吸完后毒物进入人体的总量(不考虑从空气的烟雾中吸入的)记作 Q,在建立模型以得到 Q 的数量表达式之前,先根据常识分析一下 Q 应与哪些因素有关,采取什么办法可以降低 Q。

首先,提高过滤嘴吸收率 β、增加过滤嘴长度 l_2、减少烟草中毒物的初始含量 M,显然可以降低吸入毒物量 Q。其次,当毒物随烟雾沿香烟穿行的比例 a 和烟雾速度 v 减少时,预料 Q 也会降低。至于在假设条件中涉及的其他因素,如烟草对毒物的吸收率 b、烟草长度 l_1、香烟燃烧速度 u,对 Q 的影响就不容易估计了。

下面通过建模对这些定性分析和提出的问题作出定量的验证和回答。

(3) 模型建立。

以香烟所在的一端作为坐标原点,以香烟所在的线段作为 x 轴的正半轴,建立坐标系。设 $t=0$ 时在 $x=0$ 处点燃香烟,吸入毒物量 Q 由毒物穿过香烟的流量确定,后者又与毒物在烟草中的密度有关,为研究这些关系,定义两个基本函数:

毒物流量 $q(x,t)$ 表示时刻 t 单位时间内通过香烟截面 x 处($0 \leq x \leq l$)的毒物量;

毒物密度 $w(x,t)$ 表示时刻 t 截面 x 处单位烟草中的毒物含量($0 \leq x \leq l_1$)。由假设①,$w(x,0)=w_0$。

如果知道了流量函数 $q(x,t)$,则吸入毒物量 Q 就是 $x=l$ 处的流量在吸一支烟时间内的总和。注意到关于烟草长度和香烟燃烧速度的假设,我们得到

$$Q = \int_0^T q(l,t)\,\mathrm{d}t, \quad T = l_1/u. \tag{6.8}$$

下面分 4 步计算 Q。

① 求 $t=0$ 瞬间由烟雾携带的毒物单位时间内通过 x 处的数量 $q(x,0)$。由假设④中关于 $v \gg u$ 的假定,可以认为香烟点燃处 $x=0$ 静止不动。

为简单起见,记 $q(x,0)=q(x)$,考察 $(x, x+\Delta x)$ 一段香烟,毒物通过 x 和 $x+\Delta x$ 处的流量分别是 $q(x)$ 和 $q(x+\Delta x)$,根据守恒定律这两个流量之差应该等于这一段未点燃的烟草或过滤嘴对毒物的吸收量,于是由假设②、④有

$$q(x)-q(x+\Delta x) = \begin{cases} bq(x)\Delta\tau, & 0 \leq x \leq l_1, \\ \beta q(x)\Delta\tau, & l_1 \leq x \leq l, \end{cases} \quad \Delta\tau = \frac{\Delta x}{v},$$

式中:$\Delta\tau$ 是烟雾穿过 Δx 所需时间。令 $\Delta\tau \to 0$ 得到微分方程

$$\frac{\mathrm{d}q}{\mathrm{d}x} = \begin{cases} -\dfrac{b}{v}q(x), & 0 \leq x \leq l_1, \\ -\dfrac{\beta}{v}q(x), & l_1 \leq x \leq l. \end{cases} \tag{6.9}$$

在 $x=0$ 处点燃的烟草单位时间内放出的毒物量记作 H_0,根据假设①、③、④可以写出方程(6.9)的初始条件为

$$q(0)=aH_0, \quad H_0=uw_0. \tag{6.10}$$

求解式(6.9)、式(6.10)时先解出 $q(x)$($0 \leq x \leq l_1$),再利用 $q(x)$ 在 $x=l_1$ 处的连续性确定 $q(x)$($l_1 \leq x \leq l$)。其结果为

$$q(x) = \begin{cases} aH_0 \mathrm{e}^{-\frac{bx}{v}}, & 0 \leq x \leq l_1, \\ aH_0 \mathrm{e}^{-\frac{bl_1}{v}} \mathrm{e}^{-\frac{\beta(x-l_1)}{v}}, & l_1 \leq x \leq l. \end{cases} \tag{6.11}$$

② 在香烟燃烧过程的任意时刻 t,求毒物单位时间内通过 $x=l$ 的数量 $q(l,t)$。

因为在时刻 t 香烟燃至 $x=ut$ 处,记此时点燃的烟草单位时间放出的毒物量为

$H(t)$,则
$$H(t) = uw(ut, t), \qquad (6.12)$$
根据与第①步完全相同的分析和计算可得
$$q(x,t) = \begin{cases} aH(t)\mathrm{e}^{-\frac{b(x-ut)}{v}}, & ut \leq x \leq l_1, \\ aH(t)\mathrm{e}^{-\frac{b(l_1-ut)}{v}}\mathrm{e}^{-\frac{\beta(x-l_1)}{v}}, & l_1 \leq x \leq l. \end{cases} \qquad (6.13)$$

实际上,在式(6.11)中将坐标原点平移至 $x=ut$ 处即可得到式(6.13)。由式(6.12)、式(6.13)能够直接写出
$$q(l,t) = auw(ut,t)\mathrm{e}^{-\frac{b(l_1-ut)}{v}}\mathrm{e}^{-\frac{\beta l_2}{v}}. \qquad (6.14)$$

③ 确定 $w(ut,t)$。因为在吸烟过程中未点燃的烟草不断地吸收烟雾中的毒物,所以毒物在烟草中的密度 $w(x,t)$ 由初始值 w_0 逐渐增加。考察烟草截面 x 处 Δt 时间内毒物密度的增量 $w(x,t+\Delta t) - w(x,t)$,根据守恒定律应该等于单位长度烟雾中的毒物被吸收的部分,按照假设③、④有
$$w(x, t+\Delta t) - w(x,t) = b\frac{q(x,t)}{v}\Delta t,$$

令 $\Delta t \to 0$ 并将式(6.12)和式(6.13)代入上式,得
$$\begin{cases} \dfrac{\partial w}{\partial t} = \dfrac{abu}{v}w(ut,t)\mathrm{e}^{-\frac{b(x-ut)}{v}}, \\ w(x,0) = w_0. \end{cases} \qquad (6.15)$$

方程(6.15)的解为
$$\begin{cases} w(x,t) = w_0\left[1 + \dfrac{a}{a'}\mathrm{e}^{-\frac{bx}{v}}(\mathrm{e}^{\frac{but}{v}} - \mathrm{e}^{\frac{abut}{v}})\right], \\ w(ut,t) = \dfrac{w_0}{a'}(1 - a\mathrm{e}^{-\frac{a'but}{v}}), \end{cases} \qquad (6.16)$$

式中: $a' = 1-a$。

④ 计算 Q。将式(6.16)代入式(6.14),得
$$q(l,t) = \frac{auw_0}{a'}\mathrm{e}^{-\frac{bl_1}{v}}\mathrm{e}^{-\frac{\beta l_2}{v}}(\mathrm{e}^{-\frac{but}{v}} - a\mathrm{e}^{-\frac{abut}{v}}), \qquad (6.17)$$

最后将式(6.17)代入式(6.8)并作积分,得
$$Q = \int_0^{l_1/u} q(l,t)\,\mathrm{d}t = \frac{aw_0 v}{a'b}\mathrm{e}^{-\frac{\beta l_2}{v}}(1 - \mathrm{e}^{-\frac{a'bl_1}{v}}). \qquad (6.18)$$

为便于下面的分析,将上式化作
$$Q = aM\mathrm{e}^{-\frac{\beta l_2}{v}} \cdot \frac{1-\mathrm{e}^{-\frac{a'bl_1}{v}}}{\frac{a'bl_1}{v}}, \qquad (6.19)$$

记
$$r = \frac{a'bl_1}{v}, \quad \varphi(r) = \frac{1-\mathrm{e}^{-r}}{r}, \qquad (6.20)$$

则式(6.19)可写作

$$Q = aMe^{-\frac{\beta l_2}{v}}\varphi(r). \tag{6.21}$$

式(6.20)和式(6.21)是我们得到的最终结果,表示了吸入毒物量 Q 与 a、M、β、l_2、v、b、l_1 等因素之间的数量关系。

(4) 结果分析。

① Q 与烟草毒物量 M、毒物随烟雾沿香烟穿行比例 a 成正比(因为 $\varphi(r)$ 起的作用较小,这里忽略 $\varphi(r)$ 中的 $a'(=1-a)$)。设想将毒物 M 集中在 $x=l$ 处,则吸入量为 aM。

② 因子 $e^{-\frac{\beta l_2}{v}}$ 体现了过滤嘴减少毒物进入人体的作用,提高过滤嘴吸收率 β 和增加长度 l_2 能够对 Q 起到负指数衰减的效果,并且 β 和 l_2 在数量上增加一定比例时起的作用相同。降低烟雾穿行速度 v 也可减少 Q。设想将毒物 M 集中在 $x=l_1$ 处,利用上述建模方法不难证明,吸入毒物量为 $aMe^{-\frac{\beta l_2}{v}}$。

③ 因子 $\varphi(r)$ 表示由于未点燃烟草对毒物的吸收而起到的减少 Q 的作用。虽然被吸收的毒物还要被点燃,随烟雾沿香烟穿行而部分地进入人体,但是因为烟草中毒物密度 $w(x,t)$ 越来越高,所以按照固定比例跑到空气中的毒物增多,相应地减少了进入人体的毒物量。

根据实际资料 $r=\frac{a'bl_1}{v}\ll 1$,式(6.20)中的 e^{-r} 取泰勒展开式的前 3 项可得 $\varphi(r)\approx 1-r/2$,于是式(6.21)为

$$Q = aMe^{-\frac{\beta l_2}{v}}\varphi(r). \tag{6.22}$$

可知,提高烟草吸收率 b 和增加长度 l_1(毒物量 M 不变)对减少 Q 的作用是线性的,与 β 和 l_2 的负指数衰减作用相比,效果要小得多。

④ 为了更清楚地了解过滤嘴的作用,不妨比较两支香烟,一支是上述模型讨论的,另一支长度为 l,不带过滤嘴,参数 w_0、b、a、v 与第一支相同,并且吸到 $x=l_1$ 处就扔掉。

吸第一支和第二支烟进入人体的毒物量分别记作 Q_1 和 Q_2,Q_1 当然可由式(6.18)给出,Q_2 也不必重新计算,只需把第二支烟设想成吸收率为 b(与烟草相同)的假过滤嘴香烟就行了,这样由式(6.18)可以直接写出

$$Q_2 = \frac{aw_0 v}{a'b}e^{-\frac{bl_2}{v}}(1-e^{-\frac{a'bl_1}{v}}), \tag{6.23}$$

与式(6.18)给出的 Q_1 相比,得

$$\frac{Q_1}{Q_2} = e^{-\frac{(\beta-b)l_2}{v}}, \tag{6.24}$$

所以只要 $\beta>b$ 就有 $Q_1<Q_2$,过滤嘴是起作用的。并且,提高吸收率之差 $\beta-b$ 与加长过滤嘴长度 l_2,对于降低比例 Q_1/Q_2 的效果相同。不过提高 β 需要研制新材料,将更困难一些。

6.8 根据经验当一种新商品投入市场后,随着人们对它的拥有量的增加,其销售量 $s(t)$ 下降的速度与 $s(t)$ 成正比。广告宣传可给销量添加一个增长速度,它与广告费 $a(t)$ 成正比,但广告只能影响这种商品在市场上尚未饱和的部分(设饱和量为 M)。建立一个销售 $s(t)$ 的模型。若广告宣传只进行有限时间 τ,且广告费为常数 a,问 $s(t)$ 如何变化。

解 设 $\lambda(\lambda>0$ 为常数$)$为销售量衰减因子,则根据上述假设建立如下模型:

$$\frac{\mathrm{d}s}{\mathrm{d}t}=pa(t)\left(1-\frac{s(t)}{M}\right)-\lambda s(t), \quad (6.25)$$

式中:p 为响应系数,即 $a(t)$ 对 $s(t)$ 的影响力,p 为常数。

由式(6.25)可以看出,当 $s=M$ 时,或当 $a(t)=0$ 时,有

$$\frac{\mathrm{d}s}{\mathrm{d}t}=-\lambda s. \quad (6.26)$$

假设选择如下广告策略:

$$a(t)=\begin{cases} a/\tau, & 0<t<\tau, \\ 0, & t\geqslant\tau. \end{cases} \quad (6.27)$$

将其代入式(6.25)有

$$\frac{\mathrm{d}s}{\mathrm{d}t}+\left(\lambda+\frac{pa}{M\tau}\right)s=\frac{pa}{\tau}, \quad 0<t<\tau, \quad (6.28)$$

令

$$\lambda+\frac{pa}{M\tau}=b, \quad \frac{pa}{\tau}=c,$$

这时,式(6.28)可写为

$$\frac{\mathrm{d}s}{\mathrm{d}t}+bs=c, \quad (6.29)$$

若令 $s(0)=s_0$,则式(6.29)的解为

$$s(t)=\frac{c}{b}(1-\mathrm{e}^{-bt})+s_0\mathrm{e}^{-bt}. \quad (6.30)$$

当 $t\geqslant\tau$ 时,根据式(6.27),式(6.25)化为式(6.26),其解为 $s(t)=s(\tau)\mathrm{e}^{\lambda(\tau-t)}$,故

$$s(t)=\begin{cases} \dfrac{c}{b}(1-\mathrm{e}^{-bt})+s_0\mathrm{e}^{-bt}, & 0<t\leqslant\tau, \\ s(\tau)\mathrm{e}^{\lambda(\tau-t)}, & t\geqslant\tau. \end{cases}$$

6.9 一只小船渡过宽为 d 的河流,目标是起点 A 正对着的另一岸 B 点。已知河水流速 v_1 与船在静水中的速度 v_2 之比为 k。

(1) 建立小船航线的方程,求其解析解。

(2) 设 $d=100\mathrm{m},v_1=1\mathrm{m/s},v_2=2\mathrm{m/s}$,用数值解法求渡河所需时间、任意时刻小船的位置及航行曲线,作图,并与解析解比较。

解 (1) 以 B 为坐标原点,BA 所在的线段为 x 轴的正半轴,建立如图6.7所示的坐标系。

设小船航迹为 $y=y(x)$,由运动力学知,小船实际速度 $\boldsymbol{v}=\boldsymbol{v}_1+\boldsymbol{v}_2$,设小船与 B 点连线与 x 轴正方向夹角为 θ,则

$$\boldsymbol{v}=-\boldsymbol{i}v_2\cos\theta+\boldsymbol{j}(v_1-v_2\sin\theta),$$

即

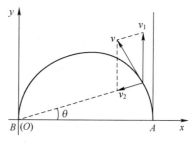

图 6.7 渡河示意图

$$\frac{dx}{dt} = -v_2\cos\theta, \quad \frac{dy}{dt} = v_1 - v_2\sin\theta.$$

设小船 t 时刻位于点 (x,y) 处，显然有

$$\cos\theta = \frac{x}{\sqrt{x^2+y^2}}, \quad \sin\theta = \frac{y}{\sqrt{x^2+y^2}},$$

即

$$\frac{dx}{dt} = -v_2\frac{x}{\sqrt{x^2+y^2}}, \quad \frac{dy}{dt} = v_1 - v_2\frac{y}{\sqrt{x^2+y^2}},$$

所以

$$\frac{dy}{dx} = \frac{dy}{dt} \bigg/ \frac{dx}{dt} = \left(v_1 - v_2\frac{y}{\sqrt{x^2+y^2}}\right) \bigg/ \left(-v_2\frac{x}{\sqrt{x^2+y^2}}\right),$$

于是初值问题

$$\begin{cases} \dfrac{dy}{dx} = -k\dfrac{\sqrt{x^2+y^2}}{x} + \dfrac{y}{x}, & 0 < x < d, \\ y(d) = 0, \end{cases} \tag{6.31}$$

即为小船航迹应满足的数学模型，它是一阶齐次微分方程。

下面进行模型求解，令 $\dfrac{y}{x} = u$，则 $y = ux$，$\dfrac{dy}{dx} = x\dfrac{du}{dx} + u$，把它们代入式(6.31)，整理得

$$x\frac{du}{dx} = -k\sqrt{1+u^2}, \tag{6.32}$$

对式(6.32)分离变量并积分，可得

$$\text{arsh}\, u = \ln(u + \sqrt{1+u^2}) = -k(\ln x + \ln C),$$

代入初始条件 $x = d, u = 0$，得 $C = \dfrac{1}{d}$，所以

$$\ln(u + \sqrt{1+u^2}) = -k\ln\frac{x}{d} = \ln\left(\frac{x}{d}\right)^{-k},$$

从而

$$u = \text{sh}\left(\ln\left(\frac{x}{d}\right)^{-k}\right) = \frac{1}{2}\left[\left(\frac{x}{d}\right)^{-k} - \left(\frac{x}{d}\right)^{k}\right],$$

代回 $u = \dfrac{y}{x}$，得

$$y = \frac{x}{2}\left[\left(\frac{x}{d}\right)^{-k} - \left(\frac{x}{d}\right)^{k}\right] = \frac{d}{2}\left[\left(\frac{x}{d}\right)^{1-k} - \left(\frac{x}{d}\right)^{1+k}\right], \quad 0 \leq x \leq d. \tag{6.33}$$

(2) 小船航线的参数方程为

$$\begin{cases} \dfrac{dx}{dt} = -\dfrac{2x}{\sqrt{x^2+y^2}}, & x(0) = d, \\ \dfrac{dy}{dt} = 1 - \dfrac{2y}{\sqrt{x^2+y^2}}, & y(0) = 0. \end{cases}$$

通过数值解求出小船渡河的时间为 66.65s,解析解和数值解的对照图如图 6.8 所示。

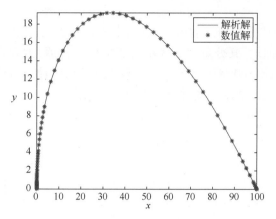

图 6.8 解析解和数值解的对照图

```
clc, clear, close all
d=100; v1=1; v2=2; k=v1/v2;
y=@(x)d/2*((x/d).^(1-k)-(x/d).^(1+k));    % 定义解析解的匿名函数
fplot(y,[0,100])                           % 画解析解的曲线
dxy=@(t,xy)[-2*xy(1)/sqrt(xy(1)^2+xy(2)^2)
    1-2*xy(2)/sqrt(xy(1)^2+xy(2)^2)];     % 定义微分方程的右端项
[t,xy]=ode45(dxy,[0,66.65],[100;0])        % 求数值解,时间区间要逐步试验给出
hold on, plot(xy(:,1),xy(:,2),'*r')        % 画数值解
legend('解析解','数值解'), xlabel('$x$','Interpreter','latex')
ylabel('$y$','Interpreter','latex','Rotation',0)
```

补 充 习 题

6.10 隐式微分方程求解

隐式微分方程就是不能转换成显式常微分方程组的微分方程,Matlab 提供了直接求解隐式微分方程的函数 ode15i。若隐式微分方程的形式如下:

$$F(t,x(t),\dot{x}(t))=0,$$

给定初始条件 $x(t_0)=x_0,\dot{x}(t_0)=\dot{x}_0$,则可以编写函数描述该隐式微分方程,然后调用如下命令

```
sol=ode15i(fun,[t0,tn],x0,xp0,options)
```

就可以求解该隐式微分方程。其中,fun 为 Matlab 函数或匿名函数描述隐式微分方程,[t0,tn]为微分方程的求解区间;x0 为 $x(t)$ 的初始值,xp0 为 $\dot{x}(t)$ 的初始值。

但是隐式微分方程不同于一般的显式微分方程,求解之前,除了给定 $x(t)$ 的初始值,还需要 $\dot{x}(t)$ 的初始值,$\dot{x}(t)$ 的初始值不能任意赋值,必须满足微分方程的相容性条件,否则将可能出现矛盾的初始值。通常使用函数 decic 求出这些未完全定义的初值条件,函

数 decic 的使用格式为

```
[x0mod,xp0mod]=decic(fun,t0,x0,fixed_x0,xp0,fixed_xp0)
```

其中 x0 是给定的 $x(t)$ 的初始值,xp0 是任意给定的 $\dot{x}(t)$ 的初始值,fixed_x0 和 fixed_xp0 是与 xp0 同维数的列向量,其分量为 1 表示需要保留的初值,为 0 表示需要求解的初始值。若 fixed_x0 和 fixed_xp0 等于空矩阵[ ],表示允许所有的初值分量可以发生变化。

分别用显式和隐式解法求下列微分方程的数值解：

$$\begin{cases} \dot{x}_1 = -4x_1 + x_1 x_2, & x_1(0) = 2, \\ \dot{x}_2 = x_1 x_2 - x_2^2, & x_2(0) = 1. \end{cases}$$

```
clc,clear,close all
dx=@(t,x) [-4*x(1)+x(1)*x(2);x(1)*x(2)-x(2)^2];    % 定义微分方程组右端项
x0=[2;1]; [t,x]=ode23(dx,[0,10],x0);
subplot(121); plot(t,x(:,1),'-P')
hold on, plot(t,x(:,2),'-*'), title('显式数值解')
legend({'$x_1$','$x_2$'},'Interpreter','latex')

dxfun=@(t,x,dx) [-dx(1)-4*x(1)+x(1)*x(2); -dx(2)+x(1)*x(2)-x(2)^2];
xp0=[-6;1]; [t,x]=ode15i(dxfun,[0,10],x0,xp0);
subplot(122), plot(t,x(:,1),'-P')
hold on, plot(t,x(:,2),'-*'), title('隐式数值解')
legend({'$x_1$','$x_2$'},'Interpreter','latex')
```

6.11 微分代数方程的求解

微分代数方程是指在微分方程中,某些变量间满足一些代数方程的约束,其一般形式为

$$M(t,x)\dot{x} = f(t,x),$$

式中:$M(t,x)$ 矩阵通常是奇异矩阵。在 Matlab 语言提供了 ode15s 来求解。

求解如下微分代数方程组：

$$\begin{cases} \dot{x}_1 = -x_1 - x_1 x_2 + x_2 x_3, \\ \dot{x}_2 = 2x_1 x_2 - x_2 x_3 - x_2^2, \\ x_1 + 2x_2 + x_3 - 1 = 0, \end{cases}$$

其中初始值为 $x_1(0) = 1, x_2(0) = 0.5, x_3(0) = -1$。

解 显然,最后一个方程为代数方程,可以看作 3 个变量之间的约束关系。将该方程组写成矩阵的形式

$$\begin{bmatrix} 1 & 0 & 0 \\ 0 & 1 & 0 \\ 0 & 0 & 0 \end{bmatrix} \begin{bmatrix} \dot{x}_1 \\ \dot{x}_2 \\ \dot{x}_3 \end{bmatrix} = \begin{bmatrix} -x_1 - x_1 x_2 + x_2 x_3 \\ 2x_1 x_2 - x_2 x_3 - x_2^2 \\ x_1 + 2x_2 + x_3 - 1 \end{bmatrix}.$$

求得的数值解如图 6.9 所示。

```
clc,clear,close all
dxfun3=@(t,x)[-x(1)-x(1)*x(2)+x(2)*x(3)
    2*x(1)*x(2)-x(2)*x(3)-x(2)^2
```

```
    x(1)+2*x(2)+x(3)-1];            % 定义标准型右端项的匿名函数
M=[1,0,0;0,1,0;0,0,0]; x0=[1,0.5,-1];
op=odeset('Mass',M);                % 定义 options 参数的取值
[t,x]=ode15s(dxfun3,[0,30],x0,op);
plot(t,x(:,1),'.-',t,x(:,2),'<-',t,x(:,3),'P-')
legend({'$x_1$','$x_2$','$x_3$'},'Interpreter','latex','Location','best')
```

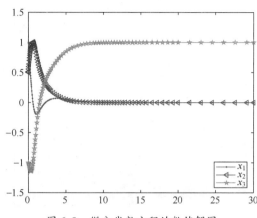

图 6.9 微分代数方程的数值解图

6.12 时滞微分方程的求解

许多动力系统随时间的演化不仅依赖于系统当前的状态,而且依赖于系统过去某一时刻或若干个时刻的状态,这样的系统被称作时滞动力系统。时滞非线性动力系统有着比用常微分方程所描述的动力系统更加丰富的动力学行为,如一阶的自治时滞非线性系统就可能出现混沌运动。时滞微分方程的一般形式为

$$\dot{y}(t)=f(t,y(t-\tau_1),y(t-\tau_2),\cdots,y(t-\tau_n)),$$

式中:$\tau_i \geq 0$ 为时滞常数。

在 Matlab 中提供了命令 dde23 来直接求解时滞微分方程。其调用格式为

```
sol=dde23(ddefun,lags,history,tspan,options),
```

其中,ddfun 为描述时滞微分方程的函数,lags 为时滞常数向量,history 为描述 $t \leq t_0$ 时的状态变量值的函数,tspan 为求解的时间区间,options 为求解器的参数设置。该函数的返回值 sol 是结构体数据,其中成员变量 sol.x 为时间向量 t,成员变量 sol.y 为各个时刻的状态向量构成的矩阵,其每一行对应着一个状态变量的取值。

求解如下时滞微分方程组:

$$\begin{cases}\dot{x}_1(t)=-x_1(t)x_2(t-1)+x_2(t-10),\\ \dot{x}_2(t)=x_1(t)x_2(t-1)-x_2(t),\\ \dot{x}_3(t)=x_2(t)-x_2(t-10),\end{cases}$$

已知:在 $t \leq 0$ 时,$x_1(t)=5, x_2(t)=0.1, x_3(t)=1$,试求该方程组在 $[0,40]$ 上的数值解。

解 本方程可以定义两个时滞常数 $\tau_1=1, \tau_2=10$,求得的数值解如图 6.10 所示。

```
clc, clear, close all
dx=@(t,y,z)[-y(1)*z(2,1)+z(2,2)
```

```
          y(1)*z(2,1)-y(2)
          y(2)-z(2,2)];
his=@(t)[5; 0.1; 1]; sol=dde23(dx,[1,10],his,[0,40])
plot(sol.x,sol.y(1,:),'-o',sol.x,sol.y(2,:),'-^',sol.x,sol.y(3,:),'-P')
legend({'$x_1$','$x_2$','$x_3$'},'Interpreter','latex')
xlabel('$t$','Interpreter','latex')
```

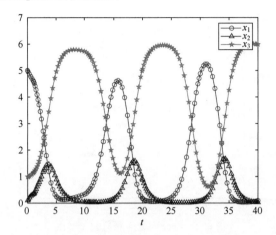

图 6.10 时滞微分方程的时间状态图

6.13 求解如下具有混沌状态的时滞微分方程

$$\dot{x}(t)=\frac{2x(t-2)}{1+x(t-2)^{9.65}}-x(t),$$

已知：在 $t\leq 0$ 时，$x(t)=0.5$，试求该方程在 $[0,200]$ 的相位图。

解 本方程只有一个时滞常数 $\tau=2$，求得的数值解如图 6.11 所示。

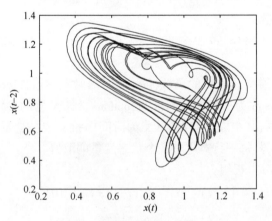

图 6.11 时滞微分方程的相位图

```
clc, clear, close all
dx=@(t,y,z) 2*z/(1+z^9.65)-y;
sol=dde23(dx,2,0.5,[0,200]);
t=linspace(2,100,1000);     % 在区间[2,100]上取 1000 个点
```

```
x=deval(sol,t);                  % 计算对应 t 的状态变量 x 的取值
xlag=deval(sol,t-2);
plot(x,xlag)                     % 画出相位图,显示混沌现象
xlabel('$x(t)$','Interpreter','latex')
ylabel('$x(t-2)$','Interpreter','latex')
```

6.14 常微分方程两点边值的求解。

求解区间[0,4]上的边值问题

$$y''(x) = \frac{2x}{1+x^2}y'(x) - \frac{2}{1+x^2}y(x) + 1,$$

边界条件为 $y(0)=1.25$ 和 $y(4)=-0.95$。

解 首先做变量替换把二阶方程化成一阶方程组,令 $y_1(x)=y(x)$,$y_2(x)=y'(x)$,得到一阶方程组:

$$\begin{cases} y_1' = y_2, \\ y_2' = \dfrac{2x}{1+x^2}y_2 - \dfrac{2}{1+x^2}y_1 + 1. \end{cases}$$

初始猜测解是任意取的,这里取 $y_1(x)=1.25+x$,$y_2(x)=1.25x+\dfrac{x^2}{2}$,求得的数值解如图 6.12 所示。

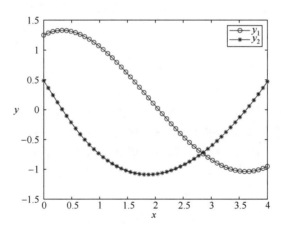

图 6.12 两点边值问题的数值解

```
clc, clear, close all
yp=@(x,y)[y(2);2*x/(1+x^2)*y(2)-2/(1+x^2)*y(1)+1];% 定义方程组的匿名函数
bc=@(ya,yb)[ya(1)-1.25;yb(1)+0.95];              % 定义边界条件的匿名函数
guess=@(x)[1.25+x; 1.25*x+x^2/2];                % 给出初值猜测解
solinit=bvpinit(linspace(0,4,50),guess);
sol=bvp4c(yp,bc,solinit);
plot(sol.x,sol.y(1,:),'o-',sol.x,sol.y(2,:),'*-')
xlabel('$x$','Interpreter','latex')
ylabel('$y$','Interpreter','latex','Rotation',0)
legend({'$y_1$','$y_2$'},'Interpreter','latex')
```

第7章 数理统计习题解答

7.1 从一批灯泡中随机地取 5 只作寿命试验,测得寿命(单位:h)为
1050　1100　1120　1250　1280
设灯泡寿命服从正态分布。求灯泡寿命平均值的置信水平为 0.90 的置信区间。

解 灯泡寿命平均值 μ 的一个置信水平为 $1-\alpha$ 的置信区间为 $\left(\overline{X}\pm\dfrac{S}{\sqrt{n}}t_{\alpha/2}(n-1)\right)$,这里 $1-\alpha=0.9, \alpha/2=0.05, n-1=4, t_{0.05}(4)=2.1318$,由给出的数据算得 $\overline{x}=1160, s=99.7497$。计算得总体均值 μ 的置信水平为 0.90 的置信区间为 $(1064.9, 1255.1)$。

```
clc, clear
x0 = [1050  1100  1120  1250  1280]';     % 必须列向量
n = length(x0); alpha = 0.10;
Ta = tinv(1-alpha/2,n-1)                   % 计算上 alpha/2 分位数
pd = fitdist(x0,'Normal')                  % 拟合正态分布参数
ci = paramci(pd,'Alpha', alpha)            % ci 的第一列是均值的置信区间
```

7.2 某车间生产滚珠,随机地抽出了 50 粒,测得它们的直径为(单位:mm):

15.0　15.8　15.2　15.1　15.9　14.7　14.8　15.5　15.6　15.3
15.1　15.3　15.0　15.6　15.7　14.8　14.5　14.2　14.9　14.9
15.2　15.0　15.3　15.6　15.1　14.9　14.2　14.6　15.8　15.2
15.9　15.2　15.0　14.9　14.8　14.5　15.1　15.5　15.5　15.1
15.1　15.0　15.3　14.7　14.5　15.5　15.0　14.7　14.6　14.2

经过计算知样本均值 $\overline{x}=15.0780$,样本标准差 $s=0.4325$,试问滚珠直径是否服从正态分布 $N(15.0780, 0.4325^2)(\alpha=0.05)$?

解 检验假设 H_0:滚珠直径 $X \sim N(15.0780, 0.4325^2)$。

将区间 $(-\infty,+\infty)$ 分成 7 段,计算结果如表 7.1 所列。

表 7.1 χ^2 检验法计算过程的数据

i	区间	频数 m_i	概率 p_i
1	$(-\infty, 14.71)$	11	0.1974
2	$[14.71, 14.88)$	3	0.1261
3	$[14.88, 15.05)$	10	0.1506
4	$[15.05, 15.22)$	10	0.1545
5	$[15.22, 15.39)$	4	0.1360
6	$[15.22, 15.39)$	4	0.1028
7	$[15.39, +\infty)$	8	0.1325

计算得统计量 $\chi^2 = 5.0318$, 查 χ^2 分布表, $\alpha = 0.05$, 自由度 $k-r-1 = 7-2-1 = 4$, 得临界值 $\chi^2_{0.05}(4) = 9.4877$, 因 $\chi^2 = 5.0318 < 9.4877$, 所以 H_0 成立, 即滚珠直径服从正态分布 $N(15.0780, 0.4325^2)$。

```
clc, clear
a = readmatrix('data7_2.txt'); x = a(:);
pd = fitdist(x,'Normal')
[h, p1, st] = chi2gof(x,'cdf', pd, 'Nparam', 2)
ed = st.edges; ed(1) = -inf; ed(end) = inf;
p2 = diff(cdf(pd,ed))              % 计算各个区间的概率
k2 = chi2inv(0.95, st.df)          % 计算上 alpha 分位数
```

7.3(续 7.1) 按分位数法求灯泡寿命平均值的置信水平为 0.90 的 Bootstrap 置信区间。

解 相继地、独立地自原始样本数据用放回抽样的方法, 得到 $B = 10000$ 个容量均为 5 的 Bootstrap 样本。

对每个 Bootstrap 样本算出样本均值 $\bar{x}_i^*$ ($i = 1, 2, \cdots, 10000$), 将 10000 个 $\bar{x}_i^*$ 按从小到大排序, 左起第 500 位为 $\bar{x}_{(500)}^* = 1098$, 左起第 9500 位为 $\bar{x}_{(9500)}^* = 1232$。于是得 μ 的一个置信水平为 0.90 的 Bootstrap 置信区间为

$$(\bar{x}_{(500)}^*, \bar{x}_{(9500)}^*) = (1098, 1232).$$

```
clc, clear, rng(2)      % 取确定的随机数种子
x0 = [1050   1100   1120   1250   1280];
mu = bootci(10000,{@(x)mean(x),x0},'alpha',0.1)    % 计算均值的置信区间
```

7.4 设有如表 7.2 所列的 3 个组 5 年保险理赔额的观测数据。试用方差分析法检验 3 个组的理赔额均值是否有显著差异 (取显著性水平 $\alpha = 0.05$, 已知 $F_{0.05}(2, 12) = 3.8853$)。

表 7.2 保险理赔额观测数据

	$t=1$	$t=2$	$t=3$	$t=4$	$t=5$
$j=1$	98	93	103	92	110
$j=2$	100	108	118	99	111
$j=3$	129	140	108	105	116

解 用 X_{jt} 表示第 j 组第 t 年的理赔额, 其中 $j = 1, 2, 3, t = 1, 2, \cdots, 5$。假设所有的 X_{jt} 相互独立且服从 $N(\mu_j, \sigma^2)$ 分布, 即对应于每组均值 m_j 可能不相等, 但是方差 $\sigma^2 > 0$ 是相同的。

记

$$\bar{X}_{j\cdot} = \frac{1}{5}\sum_{t=1}^{5} X_{jt}, \quad \bar{X} = \frac{1}{15}\sum_{j=1}^{3}\sum_{t=1}^{5} X_{jt},$$

$$S_A = \sum_{j=1}^{3} 5(\bar{X}_{j\cdot} - \bar{X})^2, \quad S_E = \sum_{j=1}^{3}\sum_{t=1}^{5}(X_{jt} - \bar{X}_{j\cdot})^2.$$

提出原假设 $H_0: \mu_1=\mu_2=\mu_3$, $H_1: \mu_1, \mu_2, \mu_3$ 不全相等。

若 H_0 为真,则检验统计量 $F=\dfrac{12S_A}{2S_E} \sim F(2,12)$,对于给定的显著性水平 α,及临界值 $F_\alpha(2,12)$,依据样本值计算检验统计量 F 的观察值,并与 $F_\alpha(2,12)$ 比较,最后下结论:若检验统计量 F 的观察值大于临界值 $F_\alpha(2,12)$,则拒绝原假设 H_0;若 F 的观察值小于 $F_\alpha(2,12)$,则接受 H_0。

这里求得 $S_A=1056.53$,自由度为 2,$S_E=1338.8$,自由度为 12。于是 $F=4.73$,这与临界值 $F_{0.05}(2,12)=3.8853$ 比较起来数值过大了。我们的结论是这些数据表明每组的平均理赔不全相等。

```
clc, clear
a = readmatrix('data7_4.txt');
[p,t,st] = anova1(a')
```

7.5 某种半成品在生产过程中的废品率 y 与它所含的某种化学成分 x 有关,现将试验所得的 8 组数据记录如表 7.3 所列。试求回归方程 $y=\dfrac{a_1}{x}+a_2+a_3x+a_4x^2$。

表 7.3　废品率与化学成分关系的观测数据

序号	1	2	3	4	5	6	7	8
x	1	2	4	5	7	8	9	10
y	1.3	1	0.9	0.81	0.7	0.6	0.55	0.4

解　利用 Matlab 软件求得回归方程为

$$y=\dfrac{0.6498}{x}+0.5901+0.0666x-0.0091x^2.$$

使用线性最小二乘法计算的 Matlab 程序如下:

```
clc, clear
x = [1 2  4  5  7  8  9  10]';
y = [1.3 1 0.9 0.81 0.7 0.6 0.55 0.4]';
a = [1./x,ones(size(x)), x, x.^2];    %构造线性方程组的系数矩阵
cs = a \y                              %求最小二乘解
```

使用 fitlm 函数计算的 Matlab 程序如下:

```
clc, clear
x = [1 2  4  5  7  8  9  10]';
y = [1.3 1 0.9 0.81 0.7 0.6 0.55 0.4]';
tbl = table(1./x, x, x.^2, y, 'VariableNames',...
    {'x_inv','x','x_sqr','y'})        %构造数据表
md = fitlm(tbl)                        %拟合模型
```

7.6 人的身高与腿长有密切关系,现测得 13 名成年男子身高 y 与腿长 x 数据见表 7.4。试建立人的身高 y 和腿长 x 之间的一元线性回归模型。

表 7.4 13 名男子身高腿长数据 (单位:cm)

x	92	95	96	96.5	97	98	101	103.5	104	105	106	107	109
y	163	165	167	168	171	170	172	174	176	176	177	177	181

解 数学原理我们就不赘述了。

利用给定的观测值和 Matlab 软件,求得线性回归模型为
$$y = 73.2410 + 0.9808x,$$
模型的检验指标如下:相关系数平方 $R^2 = 0.962$,剩余标准差 RMSE $= 1.09, F = 276, p = 3.87 \times 10^{-9}$。各种检验指标都很好。

使用两种方法画出的已知数据的残差分布图如图 7.1 所示,从图中可以看出,第 5 个数据为异常数据,将其剔除后重新计算,得到的回归模型为
$$y = 69.72 + 1.0135x,$$
模型的检验指标如下:相关系数平方 $R^2 = 0.984$,剩余标准差 RMSE $= 0.732, F = 628, p = 2.35 \times 10^{-10}$。检验指标值也有提高。

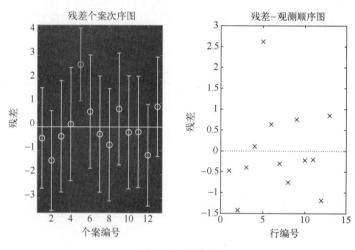

图 7.1 残差图

```
clc,clear
a=readmatrix('data7_6.txt')';
x=a(:,1);y=a(:,2);
mat=[ones(13,1),x];
[ab1,abint,r,rint,stats]=regress(y,mat)    %第1种方式计算
md1=fitlm(x,y)                              %第2种方式计算
subplot(121),rcoplot(r,rint)                %画残差图
subplot(122),plotResiduals(md1,'caseorder')
md2=fitlm(x,y,'Exclude',5)                  %剔除异常值,重新计算
```

7.7 为分析 4 种化肥和 3 个小麦品种对小麦产量的影响,把一块试验田等分成 36 小块,对种子和化肥的每一种组合种植 3 小块田,产量如表 7.5 所示(单位:kg),问品种、化肥及二者的交互作用对小麦产量有无显著影响。

表 7.5 产量数据

品种 \ 化肥	B_1	B_2	B_3	B_4
A_1	173,172,173	174,176,178	177,179,176	172,173,174
A_2	175,173,176	178,177,179	174,175,173	170,171,172
A_3	177,175,176	174,174,175	174,173,174	169,169,170

解 记品种为因素 A,它有 3 个水平,水平效应为 $a_i, i=1,2,3$。化肥为因素 B,它有 4 个水平,水平效应为 $b_j, j=1,2,3,4$。品种和化肥的交互效应为 $g_{ij}, i=1,2,3; j=1,2,3,4$。我们在显著性水平 $\alpha=0.05$ 下检验

$$H_1: a_1=a_2=a_3=0;$$
$$H_2: b_1=b_2=b_3=b_4=0;$$
$$H_3: g_{11}=g_{12}=g_{13}=\cdots=g_{34}=0.$$

由表 7.5 数据经计算得方差分析表如表 7.6 所列。表明各试验均值相等的概率都为小概率,故可拒绝均值相等假设,即认为不同品种(因素 A)、不同化肥(因素 B)下的产量有显著差异,交互作用也是显著的。

表 7.6 方差分析表

方差来源	离差平方和	自由度	均方	F 值	p 值
因素 A	$S_A=13.1667$	2	6.5833	5.27	0.0127
因素 B	$S_B=125$	3	41.6667	33.33	0
交互作用	$S_{A\times B}=68.8333$	6	11.4722	9.18	0
误差	$S_E=236.9500$	24	1.25		
合计	$S_T=237$	35			

```
clc, clear, a=load('data7_7.txt');
a = a'; [p, t, st] = anova2(a, 3)
```

7.8 经研究发现,学生用于购买课外读物的支出 y(元/年)与本人受教育年限 x_1(年)和其家庭收入水平 x_2(元/月)有关,对 10 名学生进行调查的统计资料如表 7.7 所示。

表 7.7 调查统计资料

序号	y	x_1	x_2	序号	y	x_1	x_2
1	450.5	4	3424	6	1222.1	10	6604
2	613.9	5	4086	7	793.2	7	6662
3	501.5	4	4388	8	792.7	6	7018
4	781.5	7	4808	9	1121.0	9	8706
5	611.1	5	5896	10	1094.2	8	10478

要求:(1)试求出学生购买课外读物的支出 y 与受教育年限 x_1 和家庭收入水平 x_2 的回归方程 $\hat{y}=b_0+b_1x_1+b_2x_2$。

(2)对 x_1,x_2 的显著性进行 t 检验,计算 R^2。

(3)假设有一学生的受教育年限 $x_1=10$ 年,家庭收入水平 $x_2=9600$ 元/月,试预测该学生全年购买课外读物的支出,并求出相应的预测区间($\alpha=0.05$)。

解 数学原理我们这里就不赘述了。

(1)利用 Matlab 软件求得回归方程为
$$y=-67.3538+106.9354x_1+0.0275x_2.$$

(2)通过 t 检验可知变量 x_1,x_2 都是显著的,$R^2=0.984$。

(3)$x_1=10$ 年,$x_2=9600$ 元/月时的预测值为 1265.6154 元,预测的置信区间为
$$[1203.8319,\quad 1327.3988].$$

```
clc, clear, format long g
a=readmatrix('data7_8.txt');
y = [a(:,2); a(:,6)];
x = [a(:,[3,4]); a(:,[7,8])];
md = fitlm(x, y)
[yh, yhint] = predict(md, [10, 9600])
format         % 恢复短小数显示
```

7.9 (三因素方差分析)某集团为了研究商品销售点所在的地理位置、销售点处的广告和销售点的装潢这三个因素对商品的影响程度,选了三个位置(如市中心黄金地段、非中心的地段、城乡结合部)、两种广告形式、两种装潢档次在四个城市进行了搭配试验。表 7.8 是销售量的数据,试在显著水平 0.05 下,检验不同地理位置、不同广告、不同装潢下的销售量是否有显著差异。

表 7.8 三因素方差数据

水平组合＼城市号	1	2	3	4
$A_1B_1C_1$	955	967	960	980
$A_1B_1C_2$	927	949	950	930
$A_1B_2C_1$	905	930	910	920
$A_1B_2C_2$	855	860	880	875
$A_2B_1C_1$	880	890	895	900
$A_2B_1C_2$	860	840	850	830
$A_2B_2C_1$	870	865	850	860
$A_2B_2C_2$	830	850	840	830
$A_3B_1C_1$	875	888	900	892
$A_3B_1C_2$	870	850	847	965
$A_3B_2C_1$	870	863	845	855
$A_3B_2C_2$	821	842	832	848

解 记地理位置为因素 A,它有 3 个水平,水平效应为 $\alpha_i, i=1,2,3$。广告为因素 B,它有 2 个水平,水平效应为 $\beta_j, j=1,2$。装潢为因素 C,它有 2 个水平,水平效应为 $\gamma_k, k=1,2$。我们在显著性水平 $\alpha=0.05$ 下检验:

$$H_1: \alpha_1 = \alpha_2 = \alpha_3 = 0;$$
$$H_2: \beta_1 = \beta_2 = 0;$$
$$H_3: \gamma_1 = \gamma_2 = 0.$$

由表 7.8 数据经计算得方差分析表如表 7.9 所列。表明各试验均值相等的概率都为小概率,故可拒绝均值相等假设,即认为不同地理位置(因素 A)、不同广告(因素 B)、不同装潢(因素 C)下的销售量有显著差异。

表 7.9 方差分析表

方差来源	离差平方和	自由度	均方	F 值	p 值
因素 A	$S_A = 38195.8$	2	19097.9	50.51	0
因素 B	$S_B = 18565.3$	1	18565.3	49.1	0
因素 C	$S_C = 10034.1$	1	10034.1	26.54	0

```
clc, clear, close all
y = readmatrix('data7_9.txt');
y = y(:);          % 展开为长的列向量
g1 = [ones(1,4), 2*ones(1,4), 3*ones(1,4)];    % 第 1 列 A 水平编号
g1 = repmat(g1, 1, 4);
g2 = repmat([1, 1, 2, 2], 1, 3);               % 第 1 列 B 水平编号
g2 = repmat(g2, 1, 4);
g3 = repmat([1, 2], 1, 6);                     % 第 1 列 C 水平编号
g3 = repmat(g3, 1, 4);
[p, t, st] = anovan(y', {g1, g2, g3}, 'model', 'interaction')
```

第8章 差分方程习题解答

8.1 求斐波那契(Fibonacci)数列的通项。

斐波那契在13世纪初提出,一对兔子出生一个月后开始繁殖,每个月出生一对新生兔子,假定兔子只繁殖,没有死亡,问第 k 个月月初会有多少对兔子?

解 以对为单位,每个月繁殖兔子对数构成一个数列,这便是著名的斐波那契数列: $1,1,2,3,5,8,\cdots$,此数列 F_k 满足条件

$$F_0=1, \quad F_1=1, \quad F_{k+2}=F_{k+1}+F_k (k=0,1,2,\cdots). \tag{8.1}$$

解法一:运用特征值和特征向量求 F_k 的通项。

首先将二阶差分方程(8.1)化成一阶差分方程组。式(8.1)等价于

$$\begin{cases} F_{k+1}=F_{k+1}, \\ F_{k+2}=F_{k+1}+F_k, \end{cases} k=0,1,2,\cdots,$$

写成矩阵形式

$$\boldsymbol{\alpha}_{k+1}=\boldsymbol{A}\boldsymbol{\alpha}_k, \quad k=0,1,2,\cdots, \tag{8.2}$$

其中

$$\boldsymbol{A}=\begin{bmatrix} 0 & 1 \\ 1 & 1 \end{bmatrix}, \quad \boldsymbol{\alpha}_k=\begin{bmatrix} F_k \\ F_{k+1} \end{bmatrix}, \quad \boldsymbol{\alpha}_0=\begin{bmatrix} 1 \\ 1 \end{bmatrix}.$$

由式(8.2)递推,可得

$$\boldsymbol{\alpha}_k=\boldsymbol{A}^k\boldsymbol{\alpha}_0, \quad k=1,2,3,\cdots. \tag{8.3}$$

于是,求 F_k 的问题归结为求 $\boldsymbol{\alpha}_k$,即 $\boldsymbol{A}^k$ 的问题。由

$$|\lambda\boldsymbol{E}-\boldsymbol{A}|=\begin{vmatrix} \lambda & -1 \\ -1 & \lambda-1 \end{vmatrix}=\lambda^2-\lambda-1,$$

得 $\boldsymbol{A}$ 的特征值为 $\lambda_1=\dfrac{1-\sqrt{5}}{2}, \lambda_2=\dfrac{1+\sqrt{5}}{2}$。

对应 λ_1,λ_2 的特征向量分别为

$$\boldsymbol{\xi}_1=\begin{bmatrix} -\dfrac{\sqrt{5}+1}{2} \\ 1 \end{bmatrix}, \quad \boldsymbol{\xi}_2=\begin{bmatrix} \dfrac{\sqrt{5}-1}{2} \\ 1 \end{bmatrix}.$$

令 $\boldsymbol{P}=\begin{bmatrix} -\dfrac{\sqrt{5}+1}{2} & \dfrac{\sqrt{5}-1}{2} \\ 1 & 1 \end{bmatrix}$,于是有

$$\boldsymbol{A}=\boldsymbol{P}\begin{bmatrix} \lambda_1 & 0 \\ 0 & \lambda_2 \end{bmatrix}\boldsymbol{P}^{-1}, \quad \boldsymbol{A}^k=\boldsymbol{P}\begin{bmatrix} \lambda_1^k & 0 \\ 0 & \lambda_2^k \end{bmatrix}\boldsymbol{P}^{-1}.$$

所以

$$\boldsymbol{\alpha}_k = \boldsymbol{A}^k \boldsymbol{\alpha}_0 = \boldsymbol{A}^k \begin{bmatrix} 1 \\ 1 \end{bmatrix} = \begin{bmatrix} \left(\dfrac{1}{2}-\dfrac{\sqrt{5}}{10}\right)\left(\dfrac{1-\sqrt{5}}{2}\right)^k + \left(\dfrac{1}{2}+\dfrac{\sqrt{5}}{10}\right)\left(\dfrac{1+\sqrt{5}}{2}\right)^k \\ \left(\dfrac{1}{2}+\dfrac{3\sqrt{5}}{10}\right)\left(\dfrac{\sqrt{5}+1}{2}\right)^k + \left(\dfrac{1}{2}-\dfrac{3\sqrt{5}}{10}\right)\left(\dfrac{1-\sqrt{5}}{2}\right)^k \end{bmatrix},$$

得到

$$F_k = \left(\dfrac{1}{2}-\dfrac{\sqrt{5}}{10}\right)\left(\dfrac{1-\sqrt{5}}{2}\right)^k + \left(\dfrac{1}{2}+\dfrac{\sqrt{5}}{10}\right)\left(\dfrac{1+\sqrt{5}}{2}\right)^k, \tag{8.4}$$

这就是斐波那契数列的通项公式。

对于任何正整数 k，由式(8.4)求得 F_k 都是正整数，当 $k=19$ 时，$F_{19}=6765$，即 19 个月后有 6765 对兔子。

```
clc, clear, syms k positive integer
a = sym([0, 1; 1, 1]);        % 构造符号矩阵
p = charpoly(a)               % 计算特征多项式
r = roots(p)                  % 求特征值
[P, D] = eig(a)               % 把 a 相似对角化
Ak = P * D.^k * inv(P) * [1;1]
Ak = simplify(Ak), Fk = Ak(1)
F19 = subs(Fk,k,19), F19 = simplify(F19)
```

解法二：差分方程的特征根解法。

差分方程(8.1)的特征方程为

$$\lambda^2 - \lambda - 1 = 0,$$

特征根 $\lambda_1 = \dfrac{1-\sqrt{5}}{2}$，$\lambda_2 = \dfrac{1+\sqrt{5}}{2}$ 是互异的。所以，通解为

$$F_k = c_1 \left(\dfrac{1-\sqrt{5}}{2}\right)^k + c_2 \left(\dfrac{1+\sqrt{5}}{2}\right)^k.$$

利用初值条件 $F_0 = F_1 = 1$，得到方程组

$$\begin{cases} c_1 + c_2 = 1, \\ c_1\left(\dfrac{1-\sqrt{5}}{2}\right) + c_2\left(\dfrac{1+\sqrt{5}}{2}\right) = 1. \end{cases}$$

由此方程组解得 $c_1 = \dfrac{1}{2} - \dfrac{\sqrt{5}}{10}$，$c_2 = \dfrac{1}{2} + \dfrac{\sqrt{5}}{10}$。最后，将这些常数值代入方程通解的表达式，得初值问题的解是

$$F_k = \left(\dfrac{1}{2}-\dfrac{\sqrt{5}}{10}\right)\left(\dfrac{1-\sqrt{5}}{2}\right)^k + \left(\dfrac{1}{2}+\dfrac{\sqrt{5}}{10}\right)\left(\dfrac{1+\sqrt{5}}{2}\right)^k.$$

```
clc, clear, syms c1 c2
syms k positive integer
a=[1 -1 -1]; a=sym(a);        % 转换为符号多项式
r=roots(a)                    % 求符号多项式的根
ft=c1*r(1)^k+c2*r(2)^k        % 写出齐次差分方程的通解
```

```
eq1=subs(ft,0)-1, eq2=subs(ft,1)-1
[c10,c20]=solve(eq1,eq2)            %求符号代数方程组的解
c10=simplify(c10), c20=simplify(c20)
ft=subs(ft,{c1,c2},{c10,c20})       %求齐次差分方程的特解
```

8.2 在某国家,每年有比例为 p 的农村居民移居城镇,有比例为 q 的城镇居民移居农村。假设该国总人数不变,且上述人口迁移的规律也不变。把 n 年后农村人口和城镇人口占总人数的比例依次记为 x_n 和 $y_n(x_n+y_n=1)$。

(1) 求关系式 $\begin{bmatrix} x_{n+1} \\ y_{n+1} \end{bmatrix} = A \begin{bmatrix} x_n \\ y_n \end{bmatrix}$ 中的矩阵 A;

(2) 设目前农村人口与城镇人口相等,即 $\begin{bmatrix} x_0 \\ y_0 \end{bmatrix} = \begin{bmatrix} 0.5 \\ 0.5 \end{bmatrix}$,求 $\begin{bmatrix} x_n \\ y_n \end{bmatrix}$。

解 (1) 由题设,有

$$\begin{cases} x_{n+1} = (1-p)x_n + qy_n, \\ y_{n+1} = px_n + (1-q)y_n, \end{cases}$$

即

$$\begin{bmatrix} x_{n+1} \\ y_{n+1} \end{bmatrix} = \begin{bmatrix} 1-p & q \\ p & 1-q \end{bmatrix} \begin{bmatrix} x_n \\ y_n \end{bmatrix}, \tag{8.5}$$

故

$$A = \begin{bmatrix} 1-p & q \\ p & 1-q \end{bmatrix}.$$

(2) 由式(8.5),得到

$$\begin{bmatrix} x_n \\ y_n \end{bmatrix} = A \begin{bmatrix} x_{n-1} \\ y_{n-1} \end{bmatrix} = \cdots = A^n \begin{bmatrix} x_0 \\ y_0 \end{bmatrix} = \frac{1}{2} A^n \begin{bmatrix} 1 \\ 1 \end{bmatrix}.$$

为了求 A^n,需要把矩阵 A 相似对角化。先求 A 的特征值和特征向量,易求得 A 的特征值 $\lambda_1 = 1, \lambda_2 = 1-p-q$。

对应于 $\lambda_1 = 1$ 的特征向量为 $\boldsymbol{\xi}_1 = \begin{bmatrix} q/p \\ 1 \end{bmatrix}$;对应于 $\lambda_2 = 1-p-q$ 的特征向量为 $\boldsymbol{\xi}_2 = \begin{bmatrix} -1 \\ 1 \end{bmatrix}$,令 $\boldsymbol{P} = [\boldsymbol{\xi}_1, \boldsymbol{\xi}_2]$,则 $\boldsymbol{P}$ 可逆,且 $\boldsymbol{P}^{-1} A \boldsymbol{P} = \begin{bmatrix} 1 & 0 \\ 0 & r \end{bmatrix}$,其中 $r = 1-p-q$。因此,有

$$A = \boldsymbol{P} \begin{bmatrix} 1 & 0 \\ 0 & r \end{bmatrix} \boldsymbol{P}^{-1},$$

$$\begin{bmatrix} x_n \\ y_n \end{bmatrix} = \frac{1}{2} A^n \begin{bmatrix} 1 \\ 1 \end{bmatrix} = \frac{1}{2} \boldsymbol{P} \begin{bmatrix} 1 & 0 \\ 0 & r^n \end{bmatrix} \boldsymbol{P}^{-1} \begin{bmatrix} 1 \\ 1 \end{bmatrix}$$

$$= \frac{1}{2(p+q)} \begin{bmatrix} 2q+(p-q)r^n \\ 2p+(q-p)r^n \end{bmatrix}, r = 1-p-q.$$

计算的 Matlab 程序如下:

```
clc, clear, syms p q n
syms n positive          %如果不定义 n 为正,下面的符号表达式无法化简
```

```
A=[1-p,q;p,1-q]; P=charpoly(A)        % 求特征多项式
t=roots(P)                             % 求特征值
[V,D]=eig(A)                           % 把矩阵 A 相似对角化
An=V*D.^n*inv(V), An=simplify(An)     % 求 A 的 n 次幂,并进行化简
Xn=1/2*An*[1;1]; Xn=simplify(Xn)
```

8.3 例 8.7 中,假定 4 龄以上的鱼体重不再增长,仍为 4 龄鱼,请重新修改模型并给出计算结果。

解 假定 4 龄以上的鱼体重不再增长,仍为 4 龄鱼。则建立的差分方程组为

$$\begin{cases} x_1(t+1)=\beta n=\beta\dfrac{m}{2}(1-\alpha-0.42k)^8 x_3(t)+\beta m(1-\alpha-k)^8 x_4(t), \\ x_2(t+1)=(1-\alpha)^{12}x_1(t), \\ x_3(t+1)=(1-\alpha)^{12}x_2(t), \\ x_4(t+1)=(1-\alpha-0.42k)^8(1-\alpha)^4 x_3(t)+(1-\alpha-k)^8(1-\alpha)^4 x_4(t). \end{cases} \tag{8.6}$$

记

$$\boldsymbol{P}=\begin{bmatrix} 0 & 0 & \dfrac{\beta m}{2}(1-\alpha-0.42k)^8 & \beta m(1-\alpha-k)^8 \\ (1-\alpha)^{12} & 0 & 0 & 0 \\ 0 & (1-\alpha)^{12} & 0 & 0 \\ 0 & 0 & (1-\alpha-0.42k)^8(1-\alpha)^4 & (1-\alpha-k)^8(1-\alpha)^4 \end{bmatrix}.$$

问题归结为求差分方程(8.6)的平衡点 $\boldsymbol{x}^*=[x_1^*,x_2^*,x_3^*,x_4^*]^\mathrm{T}$ 和固定努力量 k,使得总捕捞量最大。即求解如下的非线性规划问题:

$$\max z=\dfrac{0.42kw_3[1-(1-\alpha-0.42k)^8]}{\alpha+0.42k}x_3^*+\dfrac{kw_4[1-(1-\alpha-k)^8]}{\alpha+k}x_4^*, \tag{8.7}$$

$$\text{s.t. } \boldsymbol{x}^*=\boldsymbol{P}\boldsymbol{x}^*. \tag{8.8}$$

上述非线性规划问题有 5 个决策变量 x_1^*、x_2^*、x_3^*、x_4^*,k,约束条件是 4 个等号约束条件,可以化为无约束的关于决策变量 k 的一元函数的极值问题。

由约束条件易知

$$x_4^*=(1-\alpha-0.42k)^8(1-\alpha)^4 x_3^*+(1-\alpha-k)^8(1-\alpha)^4 x_4^*,$$

可以得到

$$x_4^*=\dfrac{(1-\alpha-0.42k)^8(1-\alpha)^4}{1-(1-\alpha-k)^8(1-\alpha)^4}x_3^*. \tag{8.9}$$

又有

$$x_3^*=(1-\alpha)^{12}x_2^*, \quad x_2^*=(1-\alpha)^{12}x_1^*,$$

可以推导出

$$x_3^*=(1-\alpha)^{24}x_1^*, \quad x_4^*=\dfrac{(1-\alpha-0.42k)^8(1-\alpha)^{28}}{1-(1-\alpha-k)^8(1-\alpha)^4}x_1^*. \tag{8.10}$$

产卵总量

$$n=\dfrac{m}{2}(1-\alpha-k_3)^8 x_3^*+m(1-\alpha-k_4)^8 x_4^*, \tag{8.11}$$

把式(8.10)代入式(8.11),得

$$n = m(1-\alpha-0.42k)^8(1-\alpha)^{24}\left[\frac{1}{2}+\frac{(1-\alpha-k)^8(1-\alpha)^4}{1-(1-\alpha-k)^8(1-\alpha)^4}\right]x_1^*, \quad (8.12)$$

把式(8.12)代入 $x_1^* = \dfrac{1.22\times10^{11}}{1.22\times10^{11}+n}n$ 中,整理得

$$x_1^* = 1.22\times10^{11}\left\{1-\frac{1}{m(1-\alpha-0.42k)^8(1-\alpha)^{24}\left[\dfrac{1}{2}+\dfrac{(1-\alpha-k)^8(1-\alpha)^4}{1-(1-\alpha-k)^8(1-\alpha)^4}\right]}\right\}. \quad (8.13)$$

把式(8.13)代入式(8.10),进而再代入目标函数式(8.7)中,即可将目标函数转化为关于决策变量 k 的非线性表达式。利用 Matlab 编程,采用遍历方法计算 k 值与 z 值的关系,得最优月捕捞强度系数:4 龄鱼 $k_4=k=0.778$,3 龄鱼 $k_3=0.42k=0.3268$。在可持续最佳捕捞下,可获得的稳定的最大生产量为 $5.9415\times10^{10}(\text{g})=59415(\text{t})$,渔场中各年龄组鱼群数 $x^* = [115.2096\times10^{11}, 23.0419\times10^{11}, 4.6084\times10^{11}, 2.1830\times10^7]^\text{T}$.
捕捞生产量与月捕捞强度系数 $k_4=k$ 之间的变化关系如图 8.1 所示。得到的结果是 x_4^* 和最大生产量与例 8.7 略有差异,可以忽略不计。

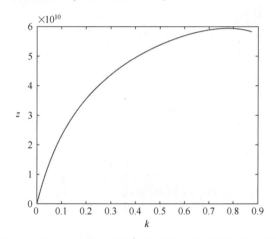

图 8.1 稳定生产策略下捕捞强度与年捕捞量之间的关系

由于 $\alpha=0.1255$,用计算机遍历时,k 的取值范围为 $[0,0.874]$,步长变化为 0.001。

```
clc, clear, close all, format long g
a = 1 - 0.2^(1/12); m = 1.109 * 10 ^5
w3 = 17.86; w4 = 22.99
X=[]; Z=[]; N=[]; K = 0:0.001:0.874;
for k = K
    x1 = 1.22 *10^11 * (1-1/(m * (1-a-0.42 * k)^8 * (1-a)^24 * ...
        (1/2+(1-a-k)^8 * (1-a)^4/(1-(1-a-k)^8 * (1-a)^4))));
    x2 = (1-a)^12 * x1; x3 = (1-a)^12 * x2;
    x4 = (1-a-0.42 * k)^8 * (1-a)^4/(1-(1-a-k)^8 * (1-a)^4) * x3;
    X = [X, [x1;x2;x3;x4]];
    n = m * (1-a-0.42 * k)^8 * (1-a)^24 * (1/2+(1-a-k)^8 * (1-a)^4/...
```

```
            (1-(1-a-k)^8 * (1-a)^4))*x1;
        N = [N, n];
        z = 0.42*k*w3*(1-(1-a-0.42*k)^8)/(a+0.42*k)*x3+...
            k*w4*(1-(1-a-k)^8)/(a+k)*x4;
        Z = [Z, z];
    end
    [mz, ind] = max(Z)
    k4 = K(ind), k3 = 0.42 * k4        % 最优捕捞强度
    xx = X(:,ind)                       % 各年龄组的鱼群数
    plot(K, Z) ; xlabel('$k$','Interpreter','Latex')
    ylabel('$z$','Interpreter','Latex','Rotation', 0)
```

8.4 某家庭考虑购买住宅,总价为 60 万元,按开发商要求需首付 20 万元,剩余款项可申请银行贷款。假定贷款期限为 30 年,月利率为 0.36%,建立模型测算等额还款时,月还款额是多少?

解 贷款总额 $Q=400000$ 元,贷款期限 $N=12\times30=360$(月),月利率 $r=0.36\%$,设月还款额为 x 元,$y_n(n=1,2,\cdots,N)$ 为第 n 个月的欠款总额(单位:元)。

建立如下的差分方程:
$$\begin{cases} y_n = (1+r)y_{n-1}-x, & n=1,2,\cdots,N, \\ y_0 = Q. \end{cases}$$

用递推法求得差分方程的解为
$$y_n = (1+r)^n Q - x\frac{(1+r)^n-1}{r},$$

$N=360$ 时,应全部还清欠款,即
$$y_N = y_{360} = 0,$$
$$0 = y_N = (1+r)^N Q - x\frac{(1+r)^N-1}{r},$$

解之得
$$x = \frac{(1+r)^N Qr}{(1+r)^N-1} = \frac{(1+0.0036)^{360}\times 400000\times 0.0036}{(1+0.0036)^{360}-1} = 1984.19(\text{元}).$$

到期后累计还款额为 $1984.19\times 360 = 714308.4$(元)。

8.5 有一块一定面积的草场放牧羊群,管理者要估计草场能放牧多少羊,每年保留多少母羊羔,夏季要贮藏多少草供冬季之用。

为解决这些问题调查了如下的背景资料:

(1) 本地环境下这一品种草的日生长率如表 8.1 所列。

表 8.1 各季节草的生长率

季 节	冬	春	夏	秋
日生长率/(g/m²)	0	3	7	4

(2) 羊的繁殖率。通常母羊每年产 1~3 只羊羔,5 岁后被卖掉。为保持羊群的规模可以买进羊羔,或者保留一定数量的母羊。每只母羊的平均繁殖率如表 8.2 所列。

表 8.2 母羊的平均繁殖率

年龄/岁	0~1	1~2	2~3	3~4	4~5
产羊羔数/只	0	1.8	2.4	2.0	1.8

(3) 羊的存活率。不同年龄的母羊的自然存活率(指存活一年)如表 8.3 所列。

表 8.3 母羊的平均自然存活率

年龄/岁	1~2	2~3	3~4
存活率/只	0.98	0.95	0.80

(4) 草的需求量。母羊和羊羔在各个季节每天需要草的质量(kg)如表 8.4 所列。

表 8.4 母羊和羊羔每天草的平均需求量

季 节	冬	春	夏	秋
母羊	2.10	2.40	1.15	1.35
羊羔	0	1.00	1.65	0

注:只关心羊的数量,而不管它们的质量。一般在春季产羊羔,秋季将全部公羊和一部分母羊卖掉,保持羊群数量不变。

解 用 $x=[x_1,x_2,x_3,x_4,x_5]^T$ 表示母羊按年龄 0~1,1~2,2~3,3~4,4~5 的概率分布向量,这里 $x_i \geq 0, \sum_{i=1}^{5} x_i = 1$,由母羊的繁殖率和存活率可得种群数量的转移矩阵为

$$P = \begin{bmatrix} 0 & 1.8 & 2.4 & 2.0 & 1.8 \\ q & & & & \\ & 0.98 & & & \\ & & 0.95 & & \\ & & & 0.80 & \end{bmatrix},$$

其中空白处为 0,q 是 0~1 岁(即羊羔)的存活率,可以控制。为保持羊群数量 N 不变,需满足 $x=Px$,由此可得

$$q = 0.1360, \quad x=[0.6680, 0.0908, 0.0890, 0.0846, 0.0676]^T,$$

可知当 N 不变时每年产羊羔数量为 $0.6680N$,秋冬季存活的母羊数量为 $0.3320N$。

计算的 Matlab 程序如下:

```
clc, clear, prob = eqnproblem;
x=optimvar('x',5,'LowerBound',0);
q=optimvar('q','LowerBound',0);
P=diag([q,0.98,0.95,0.80],-1);
P(1,[2:end])=[1.8,2.4,2.0,1.8];
x0.q=rand; x0.x=rand(5,1);          % 初值
prob.Equations = [x==P*x; sum(x)==1];
[sol,fval,flag]=solve(prob, x0)
sq=sol.q, sx=sol.x                  % 显示非线性方程组的解
```

注:上述非线性方程组的解不是唯一的,Matlab 求解和 Lingo 求解结果略有差异。

设草场面积为 $S(\mathrm{m}^2)$,根据各个季节草的需求量(kg)和生长率,应有

冬季草的需求量 $2.1\times 0.3320N = 0.6972N$;

春季草的需求量 $0.6680N + 2.4\times 0.3320N = 1.4648N < 0.003S$;

夏季草的需求量 $1.65\times 0.6680N + 1.15\times 0.3320N = 1.4840N < 0.007S$;

秋季草的需求量 $1.35\times 0.3320N = 0.4482N < 0.004S$。

可以算出,只要春季满足 $N/S < 0.002$(每平方米草地羊的数量),夏季和秋季都不成问题。若夏季贮藏草 $y(\mathrm{kg/m^2})$,保存到冬季用,则需有 $1.4840N/S < 0.007 - y$,其中 N/S 以春季需满足的数值代入,可得 $y < 0.004\mathrm{kg/m^2}$,而冬季的需求量是 $0.6972\times 0.002 = 0.0014\mathrm{kg/m^2}$,故夏季的贮藏足够冬季之用。

第9章 支持向量机习题解答

9.1 蠓虫分类问题:生物学家试图对两种蠓虫(Af 与 Apf)进行鉴别,依据的资料是触角和翅膀的长度,已经测得了9只 Af 和6只 Apf 的数据如下:

Af:(1.24,1.27),(1.36,1.74),(1.38,1.64),(1.38,1.82),(1.38,1.90),(1.40,1.70),(1.48,1.82),(1.54,1.82),(1.56,2.08);

Apf:(1.14,1.82),(1.18,1.96),(1.20,1.86),(1.26,2.00),(1.28,2.00),(1.30,1.96).

现在的问题是:

(1)根据如上资料,如何制定一种方法,正确地区分两类蠓虫。

(2)对触角和翼长分别为(1.24,1.80),(1.28,1.84)与(1.40,2.04)的3个标本,用所得到的方法加以识别。

解 (1)分类方法。记 x_1 和 x_2 分别表示蠓虫的触角和翅膀长度,已知观测样本为 $[\boldsymbol{a}_i, y_i](i=1,2,\cdots,9)$,其中 $\boldsymbol{a}_i \in \mathbf{R}^2$,$y_i=1$ 表示 Af,$y_i=-1$ 表示 Apf。

首先进行线性分类,即要找一个最优分类面 $(\boldsymbol{\omega} \cdot \boldsymbol{x})+b=0$,其中 $\boldsymbol{x}=[x_1,x_2]$,$\boldsymbol{\omega} \in \mathbf{R}^2$,$b \in \mathbf{R}$,$\boldsymbol{\omega}$,$b$ 待定,满足条件

$$\begin{cases} (\boldsymbol{\omega} \cdot \boldsymbol{a}_i)+b \geq 1, & y_i=1, \\ (\boldsymbol{\omega} \cdot \boldsymbol{a}_i)+b \leq -1, & y_i=-1, \end{cases}$$

即有 $y_i((\boldsymbol{\omega} \cdot \boldsymbol{a}_i)-b) \geq 1$,$i=1,\cdots,n$,其中,满足方程 $(\boldsymbol{\omega} \cdot \boldsymbol{a}_i)+b=\pm 1$ 的样本为支持向量。

要使两类总体到分类面的距离最大,则有

$$\max \frac{2}{\|\boldsymbol{\omega}\|} \Rightarrow \min \frac{1}{2}\|\boldsymbol{\omega}\|^2,$$

于是建立 SVM 的如下数学模型。

模型1:

$$\min \frac{1}{2}\|\boldsymbol{\omega}\|^2,$$

$$\text{s.t. } y_i((\boldsymbol{\omega} \cdot \boldsymbol{a}_i)+b) \geq 1, i=1,2,\cdots,n.$$

求得最优值对应的 $\boldsymbol{\omega}^*,b^*$,可得分类函数

$$g(\boldsymbol{x})=\text{sign}((\boldsymbol{\omega}^* \cdot \boldsymbol{x})+b^*).$$

当 $g(\boldsymbol{x})=1$ 时,把样本归于 Af 类;当 $g(\boldsymbol{x})=-1$ 时,把样本归于 Apf 类。

模型1是一个二次规划模型,为了利用 Matlab 求解模型1,下面把模型1化为其对偶问题。

定义广义拉格朗日函数

$$L(\boldsymbol{\omega},\boldsymbol{\alpha})=\frac{1}{2}\|\boldsymbol{\omega}\|^2+\sum_{i=1}^{n}\alpha_i[1-y_i((\boldsymbol{\omega} \cdot \boldsymbol{a}_i)+b)],$$

式中：$\boldsymbol{\alpha} = [\alpha_1, \alpha_2, \cdots, \alpha_n]^T \in \mathbf{R}^{n+}$。

由 KKT 互补条件，通过对 $\boldsymbol{\omega}$ 和 b 求偏导，得

$$\frac{\partial L}{\partial \boldsymbol{\omega}} = \boldsymbol{\omega} - \sum_{i=1}^{n} \alpha_i y_i \boldsymbol{a}_i = 0,$$

$$\frac{\partial L}{\partial b} = \sum_{i=1}^{n} \alpha_i y_i = 0,$$

得 $\boldsymbol{\omega} = \sum_{i=1}^{n} \alpha_i y_i \boldsymbol{a}_i$，$\sum_{i=1}^{n} \alpha_i y_i = 0$，代入原始拉格朗日函数，得

$$L = \sum_{i=1}^{n} \alpha_i - \frac{1}{2} \sum_{i=1}^{n} \sum_{j=1}^{n} \alpha_i \alpha_j y_i y_j (\boldsymbol{a}_i \cdot \boldsymbol{a}_j).$$

于是模型 1 可以化为模型 2。

模型 2：

$$\max \sum_{i=1}^{n} \alpha_i - \frac{1}{2} \sum_{i=1}^{n} \sum_{j=1}^{n} \alpha_i \alpha_j y_i y_j (\boldsymbol{a}_i \cdot \boldsymbol{a}_j),$$

$$\text{s.t.} \begin{cases} \sum_{i=1}^{n} \alpha_i y_i = 0, \\ 0 \leq \alpha_i, i = 1, 2, \cdots, n. \end{cases}$$

解此二次规划得到最优解 $\boldsymbol{\alpha}^*$，从而得权重向量 $\boldsymbol{\omega}^* = \sum_{i=1}^{n} \alpha_i^* y_i \boldsymbol{a}_i$。

由 KKT 互补条件知

$$\alpha_i^* [1 - y_i((\boldsymbol{\omega}^* \cdot \boldsymbol{a}_i) + b^*)] = 0,$$

这意味着仅仅是支持向量 $\boldsymbol{a}_i$，使得 α_i^* 为正，所有其他样本对应的 α_i^* 均为零。选择 $\boldsymbol{\alpha}^*$ 的一个正分量 α_j^*，并以此计算

$$b^* = y_j - \sum_{i=1}^{n} y_i \alpha_i^* (\boldsymbol{a}_i \cdot \boldsymbol{a}_j).$$

最终的分类函数表达式为

$$g(\boldsymbol{x}) = \text{sign}\left(\sum_{i=1}^{n} \alpha_i^* y_i (\boldsymbol{a}_i \cdot \boldsymbol{x}) + b^* \right). \tag{9.1}$$

实际上，模型 2 中的 $(\boldsymbol{a}_i \cdot \boldsymbol{a}_j)$ 是核函数的线性形式。非线性核函数可以将原样本空间线性不可分的向量转化到高维特征空间中线性可分的向量。

将模型 2 换成一般的核函数 $K(\boldsymbol{x}, \boldsymbol{y})$，可得一般的模型。

模型 3：

$$\max \sum_{i=1}^{n} \alpha_i - \frac{1}{2} \sum_{i=1}^{n} \sum_{j=1}^{n} \alpha_i \alpha_j y_i y_j K(\boldsymbol{a}_i, \boldsymbol{a}_j),$$

$$\text{s.t.} \begin{cases} \sum_{i=1}^{n} \alpha_i y_i = 0, \\ 0 \leq \alpha_i, i = 1, 2, \cdots, n. \end{cases}$$

分类函数表达式为

$$g(\boldsymbol{x}) = \text{sign}\left(\sum_{i=1}^{n} \alpha_i^* y_i K(\boldsymbol{a}_i, \boldsymbol{x}) + b^* \right). \tag{9.2}$$

(2) 未知样本的分类。使用模型 3，利用 Matlab 软件，把前 2 个待判定的样本点判为 Apf 类，第 3 个样本点判为 Af，且该方法对已知样本点的误判率为 0。

计算的 Matlab 程序如下：

```
clc, clear
x0=[1.24,1.27;1.36,1.74;1.38,1.64;1.38,1.82;1.38,1.90;1.40,1.70
    1.48,1.82;1.54,1.82;1.56,2.08;1.14,1.82;1.18,1.96;1.20,1.86
    1.26,2.00;1.28,2.00;1.30,1.96];   %输入已知样本数据
x=[1.24,1.80;1.28,1.84;1.40,2.04];    %输入待判样本点数据
group=[ones(9,1);-ones(6,1)];         %输入已知样本标志
s=fitcsvm(x0,group,'KernelFunction','RBF','KernelScale','auto');
sv_index=find(s.IsSupportVector)      %返回支持向量的标号
beta=s.Alpha                          %返回分类函数的权系数
bb=s.Bias                             %返回分类函数的常数项
check=predict(s,x0)                   %验证已知样本点
err_rate=1-sum(group==check)/length(group)   %计算已知样本点的错判率
solution=predict(s,x)                 %对待判样本点进行分类
```

9.2 考虑下面的优化问题：

$$\min \|\boldsymbol{\omega}\|^2 + c_1 \sum_{i=1}^n \xi_i + c_2 \sum_{i=1}^n \xi_i^2,$$

$$\text{s.t.} \begin{cases} y_i((\boldsymbol{\omega} \cdot \boldsymbol{a}_i)+b) \geq 1-\xi_i, i=1,2,\cdots,n, \\ \xi_i \geq 0, i=1,2,\cdots,n. \end{cases}$$

讨论参数 c_1 和 c_2 变化产生的影响，导出对偶表示形式。

解 问题

$$\min \|\boldsymbol{\omega}\|^2 + c_1 \sum_{i=1}^n \xi_i,$$

$$\text{s.t.} \begin{cases} y_i((\boldsymbol{\omega} \cdot \boldsymbol{a}_i)+b) \geq 1-\xi_i, i=1,2,\cdots,n, \\ \xi_i \geq 0, i=1,2,\cdots,n, \end{cases}$$

与问题

$$\min \|\boldsymbol{\omega}\|^2 + c_1 \sum_{i=1}^n \xi_i + c_2 \sum_{i=1}^n \xi_i^2,$$

$$\text{s.t.} \begin{cases} y_i((\boldsymbol{\omega} \cdot \boldsymbol{a}_i)+b) \geq 1-\xi_i, i=1,2,\cdots,n, \\ \xi_i \geq 0, i=1,2,\cdots,n. \end{cases}$$

是等价的，此处只需考虑参数 c_1 变化产生的影响即可。

当参数 $c_1 \to 0$ 时，即目标函数的惩罚因子较小，允许 ξ_i 取较大的值。当 $c_1 \to +\infty$ 时，不允许 ξ_i 取正值，问题等价于

$$\min \|\boldsymbol{\omega}\|^2,$$

$$\text{s.t.} \quad y_i((\boldsymbol{\omega} \cdot \boldsymbol{a}_i)+b) \geq 1, i=1,2,\cdots,n.$$

下面给出对偶表示形式。首先引入拉格朗日函数

$$L(\boldsymbol{\omega},b,\boldsymbol{\xi},\boldsymbol{\alpha},\boldsymbol{\beta}) = \|\boldsymbol{\omega}\|^2 + c_1 \sum_{i=1}^n \xi_i + c_2 \sum_{i=1}^n \xi_i^2$$

$$-\sum_{i=1}^{n}\alpha_i(y_i[(\boldsymbol{\omega}\cdot\boldsymbol{a}_i)+b]-1+\xi_i)-\sum_{i=1}^{n}\beta_i\xi_i,$$

其中 $\alpha_i \geq 0$ 和 $\beta_i \geq 0$,根据 Wolf 对偶定义,对 L 关于 $\boldsymbol{\omega}$、b、$\boldsymbol{\xi}$ 求极小,即

$$\nabla_{\boldsymbol{\omega}}L(\boldsymbol{\omega},b,\boldsymbol{\xi},\boldsymbol{\alpha},\boldsymbol{\beta})=0, \nabla_b L(\boldsymbol{\omega},b,\boldsymbol{\xi},\boldsymbol{\alpha},\boldsymbol{\beta})=0, \nabla_{\boldsymbol{\xi}}L(\boldsymbol{\omega},b,\boldsymbol{\xi},\boldsymbol{\alpha},\boldsymbol{\beta})=0,$$

得

$$\boldsymbol{\omega}=\frac{1}{2}\sum_{i=1}^{n}\alpha_i y_i \boldsymbol{a}_i,$$

$$\sum_{i=1}^{n}\alpha_i y_i=0,$$

$$c_1+2c_2\xi_i-\alpha_i-\beta_i=0.$$

然后将上述极值条件代入拉格朗日函数,对 $\boldsymbol{\alpha}$ 求极大,得到对偶问题

$$\max_{\boldsymbol{\alpha}} -\frac{1}{4}\sum_{i=1}^{n}\sum_{j=1}^{n}y_i y_j \alpha_i \alpha_j (\boldsymbol{a}_i,\boldsymbol{a}_j)+\sum_{i=1}^{n}\alpha_i,$$

$$\text{s.t.} \begin{cases} \sum_{i=1}^{n}y_i\alpha_i=0, \\ 0\leq\alpha_i\leq c_1, i=1,2,\cdots,n. \end{cases}$$

第10章 多元分析习题解答

10.1 表10.1是1999年中国省、自治区的城市规模结构特征的一些数据,试通过聚类分析将这些省、自治区进行分类。

表10.1 城市规模结构特征数据

省、自治区	城市规模/万人	城市首位度	城市指数	基尼系数	城市规模中位值/万人
京津冀	699.70	1.4371	0.9364	0.7804	10.880
山西	179.46	1.8982	1.0006	0.5870	11.780
内蒙古	111.13	1.4180	0.6772	0.5158	17.775
辽宁	389.60	1.9182	0.8541	0.5762	26.320
吉林	211.34	1.7880	1.0798	0.4569	19.705
黑龙江	259.00	2.3059	0.3417	0.5076	23.480
苏沪	923.19	3.7350	2.0572	0.6208	22.160
浙江	139.29	1.8712	0.8858	0.4536	12.670
安徽	102.78	1.2333	0.5326	0.3798	27.375
福建	108.50	1.7291	0.9325	0.4687	11.120
江西	129.20	3.2454	1.1935	0.4519	17.080
山东	173.35	1.0018	0.4296	0.4503	21.215
河南	151.54	1.4927	0.6775	0.4738	13.940
湖北	434.46	7.1328	2.4413	0.5282	19.190
湖南	139.29	2.3501	0.8360	0.4890	14.250
广东	336.54	3.5407	1.3863	0.4020	22.195
广西	96.12	1.2288	0.6382	0.5000	14.340
海南	45.43	2.1915	0.8648	0.4136	8.730
川渝	365.01	1.6801	1.1486	0.5720	18.615
云南	146.00	6.6333	2.3785	0.5359	12.250
贵州	136.22	2.8279	1.2918	0.5984	10.470
西藏	11.79	4.1514	1.1798	0.6118	7.315
陕西	244.04	5.1194	1.9682	0.6287	17.800
甘肃	145.49	4.7515	1.9366	0.5806	11.650
青海	61.36	8.2695	0.8598	0.8098	7.420
宁夏	47.60	1.5078	0.9587	0.4843	9.730
新疆	128.67	3.8535	1.6216	0.4901	14.470

解 用 $i=1,2,\cdots,27$ 表示京津冀,山西,$\cdots$,新疆 27 省、自治区,$x_j(j=1,2,\cdots,5)$ 分别表示指标变量城市规模、城市首位度、城市指数、基尼系数、城市规模中位值。

(1) 数据标准化。用 a_{ij} 表示第 i 个省(区)第 j 个指标变量的取值,首先将各指标值 a_{ij} 转化为标准化指标值,即

$$b_{ij} = \frac{a_{ij}-\mu_j}{s_j}, i=1,2,\cdots,27; j=1,2,\cdots,5.$$

式中:$\mu_j = \frac{1}{27}\sum_{i=1}^{27}a_{ij}, s_j = \sqrt{\frac{1}{26}\sum_{i=1}^{27}(a_{ij}-\mu_j)^2}$ $(j=1,2,\cdots,5)$,即 μ_j、s_j 为第 j 个指标的样本均值和样本标准差。对应地,称

$$y_j = \frac{x_j-\mu_j}{s_j}, j=1,2,\cdots,5$$

为标准化指标变量。

(2) 计算 27 个样本点两两之间的距离,构造距离矩阵 $(d_{ik})_{27\times 27}$,这里距离采用欧几里得距离

$$d_{ik} = \sqrt{\sum_{j=1}^{5}(b_{ij}-b_{kj})^2}, i,k=1,2,\cdots,27.$$

使用最短距离法来测量类与类之间的距离,即类 G_p 和 G_q 之间的距离:

$$D(G_p,G_q) = \min_{i\in G_p, k\in G_q}\{d_{ik}\}.$$

(3) 构造 27 个类,每一个类中只包含一个样本点,每一类的平台高度均为零。

(4) 合并距离最近的两类为新类,并且以这两类间的距离值作为聚类图中的平台高度。

(5) 若类的个数等于 1,转入步骤(6),否则,计算新类与当前各类的距离,回到步骤(4)。

(6) 绘制聚类图,根据需要决定类的个数和类。

计算和绘图的 Matlab 程序如下:

```
clc, clear, close all
a = readcell('data10_1.txt');
s = a(:,1);                              % 提取第一列字符串的元胞数组
b = cell2mat(a(:,[2:end]));              % 提出数值矩阵
c = zscore(b);                           % 数据标准化
z = linkage(c)                           % 生成具有层次结构的聚类树
dendrogram(z,'label',s,'Orientation','left')    % 画聚类图
```

绘制的聚类图如图 10.1 所示,从图 10.1 可以看出,苏沪、京津冀、青海各自成一类,其余省、自治区成一类。

10.2 表 10.2 是我国 1984—2000 年宏观投资的一些数据,试利用主成分分析对投资效益进行分析和排序。

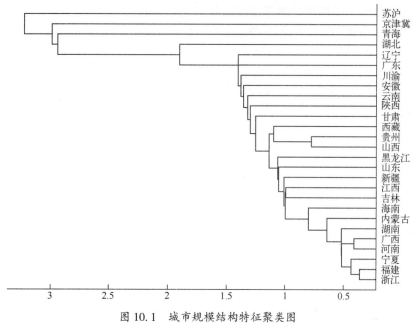

图 10.1 城市规模结构特征聚类图

表 10.2 1984—2000 年宏观投资效益主要指标

年份	投资效果系数（无时滞）	投资效果系数（时滞一年）	全社会固定资产交付使用率	建设项目投产率	基建房屋竣工率
1984	0.71	0.49	0.41	0.51	0.46
1985	0.40	0.49	0.44	0.57	0.50
1986	0.55	0.56	0.48	0.53	0.49
1987	0.62	0.93	0.38	0.53	0.47
1988	0.45	0.42	0.41	0.54	0.47
1989	0.36	0.37	0.46	0.54	0.48
1990	0.55	0.68	0.42	0.54	0.46
1991	0.62	0.90	0.38	0.56	0.46
1992	0.61	0.99	0.33	0.57	0.43
1993	0.71	0.93	0.35	0.66	0.44
1994	0.59	0.69	0.36	0.57	0.48
1995	0.41	0.47	0.40	0.54	0.48
1996	0.26	0.29	0.43	0.57	0.48
1997	0.14	0.16	0.43	0.55	0.47
1998	0.12	0.13	0.45	0.59	0.54
1999	0.22	0.25	0.44	0.58	0.52
2000	0.71	0.49	0.41	0.51	0.46

解 用 $x_1, x_2, \cdots, x_5$ 分别表示投资效果系数（无时滞），投资效果系数（时滞一年），全社会固定资产交付使用率，建设项目投产率，基建房屋竣工率。用 $i = 1, 2, \cdots, 17$ 分别表示 1984 年，1985 年，$\cdots$，2000 年，第 i 年第 j 个指标变量 x_j 的取值记作 a_{ij}，构造矩阵 $\boldsymbol{A} = (a_{ij})_{17 \times 5}$。

基于主成分分析法的评价和排序步骤如下。

(1) 对原始数据进行标准化处理。将各指标值 a_{ij} 转换成标准化指标值 $\tilde{a}_{ij}$，即

$$\tilde{a}_{ij} = \frac{a_{ij} - \mu_j}{s_j}, i = 1, 2, \cdots, 17; j = 1, 2, \cdots, 5.$$

式中：$\mu_j = \frac{1}{17}\sum_{i=1}^{17} a_{ij}$，$s_j = \sqrt{\frac{1}{16}\sum_{i=1}^{17}(a_{ij} - \mu_j)^2}$ $(j = 1, 2, \cdots, 5)$，即 μ_j、s_j 为第 j 个指标的样本均值和样本标准差。对应地，称

$$\tilde{x}_j = \frac{x_j - \mu_j}{s_j}, j = 1, 2, \cdots, 5$$

为标准化指标变量。

(2) 计算相关系数矩阵 $\boldsymbol{R}$。相关系数矩阵

$$\boldsymbol{R} = (r_{jk})_{5 \times 5},$$

$$r_{jk} = \frac{\sum_{i=1}^{17} \tilde{a}_{ij} \cdot \tilde{a}_{ik}}{17 - 1}, j, k = 1, 2, \cdots, 5.$$

式中：$r_{jj} = 1$，$r_{jk} = r_{kj}$，r_{jk} 是第 j 个指标与第 k 个指标的相关系数。

(3) 计算特征值和特征向量。计算相关系数矩阵 $\boldsymbol{R}$ 的特征值 $\lambda_1 \geq \lambda_2 \geq \cdots \geq \lambda_5 \geq 0$，及对应的标准化特征向量 $\boldsymbol{u}_1, \boldsymbol{u}_2, \cdots, \boldsymbol{u}_5$，其中 $\boldsymbol{u}_j = [u_{1j}, u_{2j}, \cdots, u_{5j}]^{\mathrm{T}}$，由特征向量组成 5 个新的指标变量：

$$\begin{cases} y_1 = u_{11}\tilde{x}_1 + u_{21}\tilde{x}_2 + \cdots + u_{51}\tilde{x}_5, \\ y_2 = u_{12}\tilde{x}_1 + u_{22}\tilde{x}_2 + \cdots + u_{52}\tilde{x}_5, \\ \vdots \\ y_5 = u_{15}\tilde{x}_1 + u_{25}\tilde{x}_2 + \cdots + u_{55}\tilde{x}_5. \end{cases}$$

式中：y_1 是第 1 主成分；y_2 是第 2 主成分；……；y_5 是第 5 主成分。

(4) 选择 $p(p \leq 5)$ 个主成分，计算综合评价值。

① 计算特征值 $\lambda_j (j = 1, 2, \cdots, 5)$ 的信息贡献率和累积贡献率，称

$$b_j = \frac{\lambda_j}{\sum_{k=1}^{5} \lambda_k}, j = 1, 2, \cdots, 5$$

为主成分 y_j 的信息贡献率；

$$\alpha_p = \frac{\sum_{k=1}^{p} \lambda_k}{\sum_{k=1}^{5} \lambda_k}$$

为主成分 $y_1, y_2, \cdots, y_p$ 的累积贡献率，当 α_p 接近于 1（$\alpha_p = 0.85, 0.90, 0.95$）时，选择前 p 个指标变量 $y_1, y_2, \cdots, y_p$ 作为 p 个主成分，代替原来 5 个指标变量，从而可对 p 个主成分进行综合分析。

② 计算综合得分：
$$Z = \sum_{j=1}^{p} b_j y_j.$$
式中：b_j 为第 j 个主成分的信息贡献率，根据综合得分值就可进行评价。

利用 Matlab 软件求得相关系数矩阵的前 5 个特征值及其贡献率如表 10.3 所列。

表 10.3　主成分分析结果

序号	特征值	贡献率	累积贡献率
1	3.1343	62.6866	62.6866
2	1.1683	23.3670	86.0536
3	0.3502	7.0036	93.0572
4	0.2258	4.5162	97.5734
5	0.1213	2.4266	100.0000

可以看出，前 3 个特征值的累积贡献率就达到 93%以上，主成分分析效果很好。下面选取前 3 个主成分进行综合评价。前 3 个特征值对应的特征向量如表 10.4 所列。

表 10.4　标准化变量的前 3 个主成分对应的特征向量

	$\tilde{x}_1$	$\tilde{x}_2$	$\tilde{x}_3$	$\tilde{x}_4$	$\tilde{x}_5$
第 1 特征向量	0.4905	0.5254	-0.4871	0.0671	-0.4916
第 2 特征向量	-0.2934	0.0490	-0.2812	0.8981	0.1606
第 3 特征向量	0.5109	0.4337	0.3714	0.1477	0.6255

由此可得 3 个主成分分别为

$$y_1 = 0.4905\tilde{x}_1 + 0.5254\tilde{x}_2 - 0.4871\tilde{x}_3 + 0.0671\tilde{x}_5 - 0.4916\tilde{x}_5,$$
$$y_2 = -0.2934\tilde{x}_1 + 0.0490\tilde{x}_2 - 0.2812\tilde{x}_3 + 0.8981\tilde{x}_4 + 0.1606\tilde{x}_5,$$
$$y_3 = 0.5109\tilde{x}_1 + 0.4337\tilde{x}_2 + 0.3714\tilde{x}_3 + 0.1477\tilde{x}_4 + 0.6255\tilde{x}_5.$$

分别以 3 个主成分的贡献率为权重，构建主成分综合评价模型为
$$Z = 0.6269 y_1 + 0.2337 y_2 + 0.0700 y_3.$$

把各年度的 3 个主成分值代入上式，可以得到各年度的综合评价值以及排序结果如表 10.5 所列。

表 10.5　排名和综合评价结果

年份	1993	1992	1991	1994	1987	1990	1984	2000	1995
名次	1	2	3	4	5	6	7	8	9
综合评价值	2.4464	1.9768	1.1123	0.8604	0.8456	0.2258	0.0531	0.0531	-0.2534
年份	1988	1985	1996	1986	1989	1997	1999	1998	
名次	10	11	12	13	14	15	16	17	
综合评价值	-0.2662	-0.5292	-0.7405	-0.7789	-0.9715	-1.1476	-1.2015	-1.6848	

计算的 Matlab 程序如下：

```
clc,clear
```

```
a=readmatrix('data10_2.txt');
b=zscore(a);                        % 数据标准化
r=corrcoef(b);                      % 计算相关系数矩阵
[x,y,z]=pcacov(r)
f=sign(sum(x));                     % 构造元素为±1 的行向量
x=x.*f       % 修改特征向量的正负号,每个特征向量乘以所有分量和的符号函数值
num=3;                              % num 为选取的主成分的个数
df=b*x(:,1:num);                    % 计算各个主成分的得分
tf=df*z(1:num)/100;                 % 计算综合得分
[stf,ind]=sort(tf,'descend');       % 把得分按照从高到低的次序排列
stf=stf', ind=ind'
```

10.3 表 10.6 资料为 25 名健康人的 7 项生化检验结果,7 项生化检验指标依次命名为 $x_1, x_2, \cdots, x_7$,请对该资料进行因子分析。

表 10.6 检验数据

x_1	x_2	x_3	x_4	x_5	x_6	x_7
3.76	3.66	0.54	5.28	9.77	13.74	4.78
8.59	4.99	1.34	10.02	7.5	10.16	2.13
6.22	6.14	4.52	9.84	2.17	2.73	1.09
7.57	7.28	7.07	12.66	1.79	2.1	0.82
9.03	7.08	2.59	11.76	4.54	6.22	1.28
5.51	3.98	1.3	6.92	5.33	7.3	2.4
3.27	0.62	0.44	3.36	7.63	8.84	8.39
8.74	7	3.31	11.68	3.53	4.76	1.12
9.64	9.49	1.03	13.57	13.13	18.52	2.35
9.73	1.33	1	9.87	9.87	11.06	3.7
8.59	2.98	1.17	9.17	7.85	9.91	2.62
7.12	5.49	3.68	9.72	2.64	3.43	1.19
4.69	3.01	2.17	5.98	2.76	3.55	2.01
5.51	1.34	1.27	5.81	4.57	5.38	3.43
1.66	1.61	1.57	2.8	1.78	2.09	3.72
5.9	5.76	1.55	8.84	5.4	7.5	1.97
9.84	9.27	1.51	13.6	9.02	12.67	1.75
8.39	4.92	2.54	10.05	3.96	5.24	1.43
4.94	4.38	1.03	6.68	6.49	9.06	2.81
7.23	2.3	1.77	7.79	4.39	5.37	2.27
9.46	7.31	1.04	12	11.58	16.18	2.42
9.55	5.35	4.25	11.74	2.77	3.51	1.05
4.94	4.52	4.5	8.07	1.79	2.1	1.29
8.21	3.08	2.42	9.1	3.75	4.66	1.72
9.41	6.44	5.11	12.5	2.45	3.1	0.91

解 因子分析的步骤如下。

(1) 对原始数据进行标准化处理。进行因子分析的指标变量有 7 个,分别为 $x_1, x_2, \cdots, x_7$,共有 25 个评价对象,第 k 个评价对象的第 j 个指标的取值为 $a_{kj}(k=1,2,\cdots,25,j=1,2,\cdots,7)$。将各指标值 a_{kj} 转换成标准化指标值 $\widetilde{a}_{kj}$,即

$$\widetilde{a}_{kj} = \frac{a_{kj} - \mu_j}{s_j}, k=1,2,\cdots,25; j=1,2,\cdots,7.$$

式中:$\mu_j = \frac{1}{25}\sum_{k=1}^{25} a_{kj}, s_j = \sqrt{\frac{1}{25-1}\sum_{k=1}^{25}(a_{kj}-\mu_j)^2}$,即 μ_j、s_j 为第 j 个指标的样本均值和样本标准差。对应地,称

$$\widetilde{x}_j = \frac{x_j - \mu_j}{s_j}, j=1,2,\cdots,7$$

为标准化指标变量。

(2) 计算相关系数矩阵 $\boldsymbol{R}$。相关系数矩阵为

$$\boldsymbol{R} = (r_{ij})_{7\times 7},$$

$$r_{ij} = \frac{\sum_{k=1}^{25} \widetilde{a}_{ki} \cdot \widetilde{a}_{kj}}{25-1}, i,j=1,2,\cdots,7.$$

式中:$r_{ii}=1, r_{ij}=r_{ji}, r_{ij}$ 是第 i 个指标与第 j 个指标的相关系数。

(3) 计算初等载荷矩阵。计算相关系数矩阵 $\boldsymbol{R}$ 的特征值 $\lambda_1 \geq \lambda_2 \geq \cdots \geq \lambda_7 \geq 0$,及对应的特征向量 $\boldsymbol{u}_1, \boldsymbol{u}_2, \cdots, \boldsymbol{u}_7$,其中 $\boldsymbol{u}_j = [u_{1j}, u_{2j}, \cdots, u_{7j}]^\mathrm{T}$,初等载荷矩阵为

$$\boldsymbol{\Lambda}_1 = [\sqrt{\lambda_1}\boldsymbol{u}_1, \sqrt{\lambda_2}\boldsymbol{u}_2, \cdots, \sqrt{\lambda_7}\boldsymbol{u}_7].$$

计算得到特征值与各因子的贡献如表 10.7 所列。

表 10.7 特征值及各因子的贡献

特征值	3.3952	2.8063	0.4365	0.2762	0.0812	0.0042	0.0004
贡献率	48.5026	40.0903	6.2355	3.9463	1.1599	0.0595	0.0058
累积贡献率	48.5026	88.5929	94.8285	98.7748	99.9347	99.9942	100.0000

(4) 选择 $m(m \leq 4)$ 个主因子。根据各个公共因子的贡献率,选择 3 个主因子。对提取的因子载荷矩阵进行旋转,得到矩阵 $\boldsymbol{\Lambda}_2 = \boldsymbol{\Lambda}_1^{(3)} \boldsymbol{T}$(其中 $\boldsymbol{\Lambda}_1^{(3)}$ 为 $\boldsymbol{\Lambda}_1$ 的前 3 列,$\boldsymbol{T}$ 为正交矩阵),构造因子模型

$$\begin{cases} \widetilde{x}_1 = \alpha_{11}\widetilde{F}_1 + \alpha_{12}\widetilde{F}_2 + \alpha_{13}\widetilde{F}_3, \\ \widetilde{x}_2 = \alpha_{21}\widetilde{F}_1 + \alpha_{22}\widetilde{F}_2 + \alpha_{23}\widetilde{F}_3, \\ \quad \vdots \\ \widetilde{x}_7 = \alpha_{71}\widetilde{F}_1 + \alpha_{72}\widetilde{F}_2 + \alpha_{73}\widetilde{F}_3. \end{cases}$$

求得的因子载荷等估计如表 10.8 所列。

表 10.8　因子分析表

变量	旋转因子载荷估计			旋转后得分函数			共同度
	$\widetilde{F}_1$	$\widetilde{F}_2$	$\widetilde{F}_3$	因子 1	因子 2	因子 3	
1	0.9642	0.1354	0.2110	0.8561	0.0129	-0.6114	0.9925
2	0.3858	0.0643	0.9117	-0.4626	0.0971	0.9792	0.9843
3	0.2303	-0.8169	0.3858	-0.0709	-0.2622	0.2590	0.8692
4	0.8102	0.0024	0.5737	0.3406	0.0137	0.0602	0.9856
5	0.1466	0.9785	0.0673	0.0386	0.3454	0.0615	0.9836
6	0.1283	0.9700	0.1770	-0.0879	0.3552	0.2405	0.9888
7	-0.5536	0.5444	-0.4809	-0.1788	0.1748	-0.1144	0.8341
可解释方差	0.3046	0.4121	0.2316				

通过表 10.8 可以看出，得到了 3 个因子，第一个因子是 x_1 因子，第二个因子是 x_5 因子，第三个因子是 x_2 因子。

计算的 Matlab 程序如下：

```
clc,clear
d=readmatrix('data10_3.txt');
sd=zscore(d);                              %数据标准化
r=corrcoef(sd);                            %求相关系数矩阵
[vec1,val,con]=pcacov(r);                  %进行主成分分析的相关计算
cumrate=cumsum(con)                        %计算累积贡献率
f1=sign(sum(vec1));
vec2=vec1.*f1;                             %特征向量正负号转换
a=vec2.*sqrt(val)'                         %求初等载荷矩阵
num=input('请选择主因子的个数:');           %交互式选择主因子的个数
am=a(:,[1:num]);                           %提出 num 个主因子的载荷矩阵
[b,t]=rotatefactors(am,'method','varimax') %旋转变换,b 为旋转后的载荷阵
bt=[b,a(:,[num+1:end])];                   %旋转后全部因子的载荷矩阵
degree=sum(b.^2,2)                         %计算共同度
contr=sum(bt.^2)                           %计算因子贡献
rate=contr(1:num)/sum(contr)               %计算因子贡献率
coef=inv(r)*b                              %计算得分函数的系数
```

10.4　为了了解家庭的特征与其消费模式之间的关系。调查了 70 个家庭的下面两组变量：

$$\begin{cases} x_1: 每年去餐馆就餐的频率, \\ x_2: 每年外出看电影频率, \end{cases}$$

$$\begin{cases} y_1: 户主的年龄, \\ y_2: 家庭的年收入, \\ y_3: 户主受教育程度. \end{cases}$$

已知相关系数矩阵如表 10.9 所列,试对两组变量之间的相关性进行典型相关分析。

表 10.9　相关系数矩阵

	x_1	x_2	y_1	y_2	y_3
x_1	1	0.8	0.26	0.67	0.34
x_2	0.8	1	0.33	0.59	0.34
y_1	0.26	0.33	1	0.37	0.21
y_2	0.67	0.59	0.37	1	0.35
y_3	0.34	0.34	0.21	0.35	1

解　计算得到 X 组的典型变量为

$$u_1 = 0.7689 x_1 + 0.2721 x_2,$$
$$u_2 = -1.4787 x_1 + 1.6443 x_2.$$

原始变量与 X 组典型变量之间的相关系数如表 10.10 所列,原始变量与 Y 组典型变量之间的相关系数如表 10.11 所列,两组典型变量之间的典型相关系数如表 10.12 所列。

表 10.10　原始变量与 X 组典型变量之间的相关系数

	x_1	x_2	y_1	y_2	y_3
u_1	0.9866	0.8872	0.2897	0.6757	0.3539
u_2	−0.1632	0.4614	0.1582	−0.0206	0.0563

表 10.11　原始变量与 Y 组典型变量之间的相关系数

	x_1	x_2	y_1	y_2	y_3
v_1	0.6787	0.6104	0.4211	0.9822	0.5145
v_2	−0.0305	0.0862	0.8464	−0.1101	0.3013

表 10.12　两组典型变量之间的典型相关系数

1	2
0.6879	0.1869

可以看出,所有两个表示外出活动特性的变量与 u_1 有大致相同的相关系数,u_1 视为形容外出活动特性的指标,第一对典型变量的第二个成员 v_1 与 y_2 有较大的相关系数,说明 v_1 主要代表了家庭的年收入。u_1 和 v_1 之间的相关系数为 0.6879。

u_1 和 v_1 解释的本组原始变量的比率分别为 0.8803 和 0.4689,X 组的原始变量被 u_1 和 u_2 解释了 100%,Y 组的原始变量被 v_1 和 v_2 解释了 74.2%。

计算的 Matlab 程序如下:

```matlab
clc,clear
r=readmatrix('data10_4_1.txt');                    % 读入相关系数矩阵
n1=2; n2=3; num=min(n1,n2);
s1=r([1:n1],[1:n1]);                               % 提出 X 与 X 的相关系数
s12=r([1:n1],[n1+1:end]);                          % 提出 X 与 Y 的相关系数
s21=s12';                                          % 提出 Y 与 X 的相关系数
s2=r([n1+1:end],[n1+1:end]);                       % 提出 Y 与 Y 的相关系数
m1=inv(s1)*s12*inv(s2)*s21;                        % 计算矩阵 M1,式(10.60)
m2=inv(s2)*s21*inv(s1)*s12;                        % 计算矩阵 M2,式(10.60)
[vec1,val1]=eig(m1);                               % 求 M1 的特征向量和特征值
for i=1:n1
    vec1(:,i)=vec1(:,i)/sqrt(vec1(:,i)'*s1*vec1(:,i));    % 特征向量归一化
    vec1(:,i)=vec1(:,i)*sign(sum(vec1(:,i)));             % 特征向量乘±1
end
val1=sqrt(diag(val1));                             % 计算特征值的平方根
[val1,ind1]=sort(val1,'descend');                  % 按照从大到小排列
a=vec1(:,ind1(1:num))                              % 取出 X 组的系数阵
dcoef1=val1(1:num)                                 % 提出典型相关系数
flag=1;                                            % 把计算结果写到 Excel 中的行计数变量
writematrix(a,'data10_4_2.xlsx')
flag=n1+2; str=char(['A',int2str(flag)]);          % str 为 Excel 中写数据的起始位置
writematrix(dcoef1','data10_4_2.xlsx','Range',str)
[vec2,val2]=eig(m2);
for i=1:n2
    vec2(:,i)=vec2(:,i)/sqrt(vec2(:,i)'*s2*vec2(:,i));
    vec2(:,i)=vec2(:,i)*sign(sum(vec2(:,i)));
end
val2=sqrt(diag(val2));                             % 计算特征值的平方根
[val2,ind2]=sort(val2,'descend');                  % 按照从大到小排列
b=vec2(:,ind2(1:num))                              % 取出 Y 组的系数阵
dcoef2=val2(1:num)                                 % 提出典型相关系数
flag=flag+2; str=char(['A',int2str(flag)]);
writematrix(b,'data10_4_2.xlsx','Range',str)
flag=flag+n2+1; str=char(['A',int2str(flag)]);
writematrix(dcoef2','data10_4_2.xlsx','Range',str)
x_u_r=s1*a                                         % x,u 的相关系数
y_v_r=s2*b                                         % y,v 的相关系数
x_v_r=s12*b                                        % x,v 的相关系数
y_u_r=s21*a                                        % y,u 的相关系数
flag=flag+2; str=char(['A',int2str(flag)]);
writematrix(x_u_r,'data10_4_2.xlsx','Range',str)
```

```
flag=flag+n1+1; str=char(['A',int2str(flag)]);
writematrix(y_v_r,'data10_4_2.xlsx','Range',str)
flag=flag+n2+1; str=char(['A',int2str(flag)]);
writematrix(x_v_r,'data10_4_2.xlsx','Range',str)
flag=flag+n1+1; str=char(['A',int2str(flag)]);
writematrix(y_u_r,'data10_4_2.xlsx','Range',str)
mu=sum(x_u_r.^2)/n1       % x 组原始变量被 u_i 解释的方差比例
mv=sum(x_v_r.^2)/n1       % x 组原始变量被 v_i 解释的方差比例
nu=sum(y_u_r.^2)/n2       % y 组原始变量被 u_i 解释的方差比例
nv=sum(y_v_r.^2)/n2       % y 组原始变量被 v_i 解释的方差比例
fprintf('X 组的原始变量被 u1~u%d 解释的比例为%f\n',num,sum(mu));
fprintf('Y 组的原始变量被 v1~v%d 解释的比例为%f\n',num,sum(nv));
```

10.5 近年来我国淡水湖水质富营养化的污染日趋严重,如何对湖泊水质的富营养化进行综合评价与治理是摆在我们面前的一项重要任务。表 10.13 和表 10.14 分别为我国 5 个湖泊的实测数据和湖泊水质评价标准。

表 10.13 全国 5 个主要湖泊评价参数的实测数据

	总磷/(mg/L)	耗氧量/(mg/L)	透明度/L	总氮/(mg/L)
杭州西湖	130	10.3	0.35	2.76
武汉东湖	105	10.7	0.4	2.0
青海湖	20	1.4	4.5	0.22
巢湖	30	6.26	0.25	1.67
滇池	20	10.13	0.5	0.23

表 10.14 湖泊水质评价标准

评价参数	极贫营养	贫营养	中营养	富营养	极富营养
总磷	<1	4	23	110	>660
耗氧量	<0.09	0.36	1.8	7.1	>27.1
透明度	>37	12	2.4	0.55	<0.17
总氮	<0.02	0.06	0.31	1.2	>4.6

(1) 试利用以上数据,分析总磷、耗氧量、透明度和总氮这 4 种指标对湖泊水质富营养化所起的作用;

(2) 对上述 5 个湖泊的水质进行综合评估,确定水质等级。

解 在进行综合评价之前,首先要对评价的指标进行分析。通常的评价指标分为效益型、成本型和固定型指标。效益型指标是指那些数值越大影响力越大的统计指标(也称为正向型指标);成本型指标是指数值越小越好的指标(亦称为逆向型指标);而固定型指标是指数值越接近某个常数越好的指标(又称为适度型指标)。如果各评价指标的属性不一致,则在进行综合评估时容易发生偏差,必须先对各评价指标统一属性。

(1) 建立无量纲化实测数据矩阵和评价标准矩阵。根据表10.13和表10.14,得到实测数据矩阵 $A=(a_{ij})_{5\times 4}$ 和等级标准矩阵 $B=(b_{kt})_{4\times 5}$。然后建立无量纲化实测数据矩阵 $C=(c_{ij})_{5\times 4}$ 和无量纲化等级标准矩阵 $D=(d_{kt})_{4\times 5}$。其中

$$c_{ij}=\begin{cases}\dfrac{a_{ij}}{\max\limits_{i}a_{ij}},j\neq 3,\\ \dfrac{\min\limits_{i}a_{ij}}{a_{ij}},j=3,\end{cases}\quad d_{kt}=\begin{cases}\dfrac{b_{kt}}{\max\limits_{t}b_{kt}},k\neq 3,\\ \dfrac{\min\limits_{t}b_{kt}}{b_{kt}},k=3.\end{cases}$$

利用 Matlab,得

$$C=\begin{bmatrix}1.0000 & 0.9626 & 0.7143 & 1.0000\\ 0.8077 & 1.0000 & 0.6250 & 0.7246\\ 0.1538 & 0.1308 & 0.0556 & 0.0797\\ 0.2308 & 0.5850 & 1.0000 & 0.6051\\ 0.1538 & 0.9467 & 0.5000 & 0.0833\end{bmatrix},$$

$$D=\begin{bmatrix}0.0015 & 0.0061 & 0.0348 & 0.1667 & 1.0000\\ 0.0033 & 0.0133 & 0.0664 & 0.2620 & 1.0000\\ 0.0046 & 0.0142 & 0.0708 & 0.3091 & 1.0000\\ 0.0043 & 0.0130 & 0.0674 & 0.2609 & 1.0000\end{bmatrix}.$$

(2) 计算各评价指标的权重。首先计算矩阵 D 的各行向量的均值与标准差,即

$$\mu_k=\frac{1}{5}\sum_{t=1}^{5}d_{kt},\quad s_k=\sqrt{\frac{\sum_{t=1}^{5}(d_{kt}-\mu_k)^2}{4}},k=1,2,3,4,$$

然后计算变异系数

$$w_k=\frac{s_k}{\mu_k},k=1,2,3,4,$$

最后对变异系数归一化得到各指标的权向量为

$$w=\begin{bmatrix}0.277 & 0.2447 & 0.2347 & 0.2442\end{bmatrix}.$$

根据权重的大小,即可说明总磷、耗氧量、透明度和总氮4种指标对湖泊水质富营养化所起的作用。由上可知,各指标的作用很接近,比较而言,总磷所起作用最大,耗氧量、总氮次之,透明度的作用最小。

(3) 建立各湖泊水质的综合评价模型。通常可以利用向量之间的距离来衡量两个向量之间的接近程度。

下面利用欧几里得距离和绝对值距离进行建模。

计算 C 中各行向量到 D 中各列向量的欧几里得距离:

$$x_{ij}=\sqrt{\sum_{k=1}^{4}(c_{ik}-d_{kj})^2},i=1,2,3,4,5;j=1,2,3,4,5.$$

若 $x_{ik}=\min\limits_{1\leq j\leq 5}\{x_{ij}\}$,则第 i 个湖泊属于第 k 级($i=1,2,3,4,5$)。

计算 C 中各行向量到 B 中各列向量的绝对值距离:

$$y_{ij} = \sum_{k=1}^{4} |c_{ik} - d_{kj}|, i = 1,2,3,4,5; j = 1,2,3,4,5.$$

若 $y_{ik} = \min\limits_{1 \leq j \leq 5} \{y_{ij}\}$，则第 i 个湖泊属于第 k 级(i = 1,2,3,4,5)。计算结果如表 10.15 和表 10.16 所列。

表 10.15　欧几里得距离判别表

	x_{i1}	x_{i2}	x_{i3}	x_{i4}	x_{i5}	级别
杭州西湖	1.8472	1.8312	1.7374	1.3769	0.2881	5
武汉东湖	1.5959	1.5798	1.4859	1.1271	0.5034	5
青海湖	0.2185	0.2045	0.1367	0.3383	1.7917	3
巢湖	1.3201	1.3038	1.2082	0.8392	0.9591	4
滇池	1.0793	1.0650	0.9867	0.7328	1.3450	4

表 10.16　绝对值距离判别表

	y_{i1}	y_{i2}	y_{i3}	y_{i4}	y_{i5}	级别
杭州西湖	3.6631	3.6303	3.4374	2.6783	0.3231	5
武汉东湖	3.1436	3.1108	2.9178	2.1587	0.8427	5
青海湖	0.4062	0.3734	0.2110	0.5787	3.5800	3
巢湖	2.4071	2.3743	2.1814	1.4223	1.5791	4
滇池	1.6701	1.6374	1.4444	1.0660	2.3161	4

从上面的计算可知，尽管欧几里得距离与绝对值距离意义不同，但是对各湖泊水质的富营养化的评价等级是一样的，表明此处给出的方法具有稳定性。

计算的 Matlab 程序如下：

```
clc,clear
a=[130,10.3,0.35,2.76;105,10.7,0.4,2.0;20,1.4,4.5,0.22;
30,6.26,0.25,1.67;20,10.13,0.5,0.23];
b=[1,4,23,110,660;0.09,0.36,1.8,7.1,27.1;
37,12,2.4,0.55,0.17;0.02,0.06,0.31,1.2,4.6];
c=a./max(a);c(:,3)=min(a(:,3))./a(:,3)
d=b./max(b,[],2);d(3,:)=min(b(3,:))./b(3,:)
mu=mean(b,2);              %求每一行的均值
sigma=std(b,[],2),         %求每一行的标准差
w=sigma./mu;
w=w/sum(w)
x=dist(c,d)
[mx,ind1]=min(x,[],2)      %逐行求最小值及地址
[my,ind2]=min(y,[],2)      %逐行求最小值及地址
y=mandist(c,d)
```

注：(1) Matlab 中计算向量间的距离函数有以下几个命令：

dist(w,p):计算 w 中的每个行向量与 p 中每个列向量之间的欧几里得距离。
mandist(w,p):计算 w 中的每个行向量与 p 中每个列向量之间的绝对值距离。

(2) 本题还可以使用主成分分析等评价方法进行评价。

10.6 表 10.17 是我国 16 个地区农民 1982 年支出情况的抽样调查的汇总资料,每个地区都调查了反映每人平均生活消费支出情况的 6 个指标:食品(x_1),衣着(x_2),燃料(x_3),住房(x_4),生活用品及其他(x_5),文化生活服务支出(x_6)。

表 10.17 16 个地区农民生活水平的调查数据(单位:元)

地区	x_1	x_2	x_3	x_4	x_5	x_6
北京	190.33	43.77	9.73	60.54	49.01	9.04
天津	135.20	36.40	10.47	44.16	36.49	3.94
河北	95.21	22.83	9.30	22.44	22.81	2.80
山西	104.78	25.11	6.40	9.89	18.17	3.25
内蒙古	128.41	27.63	8.94	12.58	23.99	3.27
辽宁	145.68	32.83	17.79	27.29	39.09	3.47
吉林	159.37	33.38	18.37	11.81	25.29	5.22
黑龙江	116.22	29.57	13.24	13.76	21.75	6.04
上海	221.11	38.64	12.53	115.65	50.82	5.89
江苏	144.98	29.12	11.67	42.60	27.30	5.74
浙江	169.92	32.75	12.72	47.12	34.35	5.00
安徽	153.11	23.09	15.62	23.54	18.18	6.39
福建	144.92	21.26	16.96	19.52	21.75	6.73
江西	140.54	21.50	17.64	19.19	15.97	4.94
山东	115.84	30.26	12.20	33.61	33.77	3.85
河南	101.18	23.26	8.46	20.20	20.50	4.30

(1) 试用对应分析方法对所考察的 6 项指标和 16 个地区进行分类。
(2) 用 R 型因子分析方法(参数估计方法用主成分法)分析该组数据,并与(1)的结果比较。
(3) 用聚类分析方法分析该组数据,并与(1),(2)的结果比较。

解 指标变量有 6 个,分别为 $x_j(j=1,2,\cdots,6)$,地区有 16 个,分别用 $i=1,2,\cdots,16$ 表示,以 a_{ij} 表示第 i 个地区第 j 个指标变量 x_j 的取值,记 $\boldsymbol{A}=(a_{ij})_{16\times 6}$。

(1) 对应分析。

① 数学原理。记

$$a_{i\cdot} = \sum_{j=1}^{6} a_{ij}, \quad a_{\cdot j} = \sum_{i=1}^{16} a_{ij}.$$

首先把数据阵 $\boldsymbol{A}$ 化为规格化的"概率"矩阵 $\boldsymbol{P}$,记 $\boldsymbol{P}=(p_{ij})_{16\times 6}$,其中 $p_{ij}=a_{ij}/T$,$T=\sum_{i=1}^{16}\sum_{j=1}^{6}a_{ij}$。再对数据进行对应变换,令 $\boldsymbol{B}=(b_{ij})_{16\times 6}$,其中

$$b_{ij} = \frac{p_{ij} - p_i. \, p_{\cdot j}}{\sqrt{p_i. \, p_{\cdot j}}} = \frac{a_{ij} - a_i. \, a_{\cdot j}/T}{\sqrt{a_i. \, a_{\cdot j}}}, \quad i = 1, 2, \cdots, 16, j = 1, 2, \cdots, 6,$$

这里 $\quad p_{i.} = \sum_{j=1}^{6} p_{ij}, \, p_{\cdot j} = \sum_{i=1}^{16} p_{ij}, i = 1, 2, \cdots, 16, j = 1, 2, \cdots, 6$。

对 $\boldsymbol{B}$ 进行奇异值分解，$\boldsymbol{B} = \boldsymbol{U\Lambda V}^{\mathrm{T}}$，其中 $\boldsymbol{U}$ 为 16×16 正交矩阵，$\boldsymbol{V}$ 为 6×6 正交矩阵，$\boldsymbol{\Lambda} = \begin{bmatrix} \boldsymbol{\Lambda}_m & 0 \\ 0 & 0 \end{bmatrix}$，这里 $\boldsymbol{\Lambda}_m = \mathrm{diag}(d_1, d_2, \cdots, d_m)$，其中 $d_i(i = 1, 2, \cdots, m)$ 为 $\boldsymbol{B}$ 的奇异值。

记 $\boldsymbol{U} = [\boldsymbol{U}_1 \vdots \boldsymbol{U}_2], \boldsymbol{V} = [\boldsymbol{V}_1 \vdots \boldsymbol{V}_2]$，其中 $\boldsymbol{U}_1$ 为 16×m 的列正交矩阵，$\boldsymbol{V}_1$ 为 6×m 的列正交矩阵，则 $\boldsymbol{B}$ 的奇异值分解式等价于 $\boldsymbol{B} = \boldsymbol{U}_1 \boldsymbol{\Lambda}_m \boldsymbol{V}_1^{\mathrm{T}}$。

记 $\boldsymbol{D}_r = \mathrm{diag}(p_1., p_2., \cdots, p_{16}.), \boldsymbol{D}_c = \mathrm{diag}(p_{\cdot 1}, p_{\cdot 2}, \cdots, p_{\cdot 6})$。则列轮廓的坐标为 $\boldsymbol{F} = \boldsymbol{D}_c^{-1/2} \boldsymbol{V}_1 \boldsymbol{\Lambda}_m$，行轮廓的坐标为 $\boldsymbol{G} = \boldsymbol{D}_r^{-1/2} \boldsymbol{U}_1 \boldsymbol{\Lambda}_m$。最后通过贡献率的比较确定需截取的维数，形成对应分析图。

② 计算惯量，确定维数。惯量(inertia)实际上就是 $\boldsymbol{B}^{\mathrm{T}}\boldsymbol{B}$ 的特征值，表示相应维数对各类别的解释量，最大维数 $m = \min\{16-1, 6-1\}$，本例最多可以产生 5 个维数。从计算结果表 10.18 可以看出，第一维数的解释量达 77.4%，前两个维数的解释量已达 92.1%。

表 10.18　各维数的惯量、奇异值、贡献率

维数	奇异值	惯量	贡献率	累积贡献率
1	0.1899	0.0361	0.7738	0.7738
2	0.0828	0.0069	0.1472	0.9210
3	0.0471	0.0022	0.0477	0.9687
4	0.0311	0.00010	0.0208	0.9895
5	0.0222	0.0005	0.0105	1.0000

选取几个维数对结果进行分析，需结合实际情况，一般解释量累积达 85% 以上即可获得较好的分析效果，故本例取两个维数即可。

③ 计算行坐标和列坐标。行坐标和列坐标的计算结果分别如表 10.19 和表 10.20 所列。

表 10.19　行坐标

	北京	天津	河北	山西	内蒙古	辽宁
第一维	0.14078	0.1299	0.0038	-0.1943	-0.1855	-0.0672
第二维	0.0599	0.0934	0.0627	0.0817	0.0676	0.0849
	吉林	黑龙江	上海	江苏	浙江	安徽
第一维	-0.2713	-0.1976	0.3868	0.0870	0.0791	-0.1421
第二维	-0.0007	0.0460	-0.0783	-0.0422	-0.0197	-0.1422
	福建	江西	山东	河南		
第一维	-0.1747	-0.1886	0.0698	-0.0462		
第二维	-0.1132	-0.1527	0.1003	0.0329		

表 10.20　列坐标

	x_1	x_2	x_3	x_4	x_5	x_6
第一维	-0.0791	-0.0678	-0.2635	0.4578	0.0772	-0.1357
第二维	-0.0354	0.1388	-0.1004	-0.0572	0.1563	-0.0845

在图 10.2 中，给出 16 个地区和 6 个指标在相同坐标系上绘制的散布图。从图中可以看出，地区和指标点可以分为两类：第一类包括指标点 x_4、x_5，地区点为北京、天津、河北、上海、江苏、浙江、山东；第二类包括指标点 x_1、x_2、x_3、x_6，地区点为其余地区。

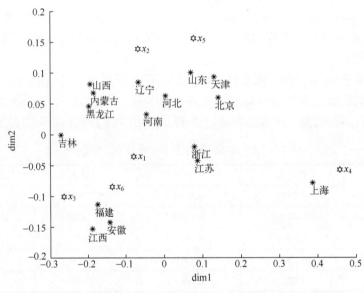

图 10.2　行点和列点的散布图

第一类地区北京、天津、河北、上海、江苏、浙江、山东，它们位于我国的东部经济发达地区，说明这些地区的消费支出结构相似。

计算的 Matlab 程序如下：

```
clc,clear,close all
a=load('data1017.txt');
T=sum(sum(a));
P=a/T;                              % 计算对应矩阵 P
r=sum(P,2),c=sum(P)                 % 计算边缘分布
Row_prifile=a./sum(a,2)             % 计算行轮廓分布阵
B=(P-r*c)./sqrt((r*c));             % 计算标准化数据 B
[u,s,v]=svd(B,'econ')               % 对标准化后的数据阵 B 作奇异值分解
w=sign(sum(v));                     % 构造元素为±1 的行向量
vb=v.*w1;                           % 修改特征向量的正负号
ub=u.*w;                            % 修改特征向量的正负号
lamda=diag(s).^2                    % 计算 B'*B 的特征值，即计算主惯量
```

```
ksi=T*(lamda)                              % 计算卡方统计量的分解
T_ksi=sum(ksi)                             % 计算总卡方统计量
con_rate=lamda/sum(lamda)                  % 计算贡献率
cum_rate=cumsum(con_rate)                  % 计算累积贡献率
beta=diag(r.^(-1/2))*ub;                   % 求加权特征向量
G=beta*s                                   % 求行轮廓坐标
alpha=diag(c.^(-1/2))*vb;                  % 求加权特征向量
F=alpha*s                                  % 求列轮廓坐标F
num1=size(G,1);                            % 样本点的个数
rang=minmax(G(:,[1,2])');                  % 坐标的取值范围
delta=(rang(:,2)-rang(:,1))/(5*num1);      % 画图的标注位置调整量
ch={'$x_$1','$x_$2','$x_$3','$x_$4','$x_$5','$x_$6'};
yb={'北京','天津','河北','山西','内蒙古','辽宁','吉林','黑龙江',...
    '上海','江苏','浙江','安徽','福建','江西','山东','河南'};
hold on
plot(G(:,1),G(:,2),'*','Color','k','LineWidth',1.3)   % 画行点散布图
text(G(:,1)-delta(1),G(:,2)-3*delta(2),yb)            % 对行点进行标注
plot(F(:,1),F(:,2),'H','Color','k','LineWidth',1.3)   % 画列点散布图
text(F(:,1)+delta(1),F(:,2),ch,'Interpreter','Latex') % 对列点进行标注
xlabel('dim1'),ylabel('dim2')
writematrix([diag(s),lamda,con_rate,cum_rate],'data 10_6_2.xlsx')
ind1=find(G(:,1)>0);                       % 根据行坐标第一维进行分类
rowclass=yb(ind1)                          % 提出第一类样本点
ind2=find(F(:,1)>0);                       % 根据列坐标第一维进行分类
colclass=ch(ind2)                          % 提出第一类变量
```

(2) R 型因子分析。

① 对原始数据进行标准化处理。将各指标值 a_{ij} 转换成标准化指标值 $\tilde{a}_{ij}$，即

$$\tilde{a}_{ij} = \frac{a_{ij}-\mu_j}{s_j}, \ i=1,2,\cdots,16; j=1,2,\cdots,6.$$

式中: $\mu_j = \frac{1}{16}\sum_{i=1}^{16} a_{ij}, s_j = \sqrt{\frac{1}{16-1}\sum_{i=1}^{16}(a_{ij}-\mu_j)^2}$，即 μ_j、s_j 为第 j 个指标的样本均值和样本标准差。对应地，称

$$\tilde{x}_j = \frac{x_j-\mu_j}{s_j}, j=1,2,\cdots,6$$

为标准化指标变量。

② 计算相关系数矩阵 **R**。相关系数矩阵为

$$\boldsymbol{R}=(r_{ij})_{6\times 6},$$

$$r_{ij}=\frac{\sum_{k=1}^{16}\tilde{a}_{ki}\cdot\tilde{a}_{kj}}{16-1}, i,j=1,2,\cdots,6.$$

式中: $r_{ii}=1, r_{ij}=r_{ji}, r_{ij}$ 是第 i 个指标与第 j 个指标的相关系数。

③ 计算初等载荷矩阵。计算相关系数矩阵 $\boldsymbol{R}$ 的特征值 $\lambda_1 \geqslant \lambda_2 \geqslant \cdots \geqslant \lambda_6 \geqslant 0$，及对应的特征向量 $\boldsymbol{u}_1, \boldsymbol{u}_2, \cdots, \boldsymbol{u}_6$，其中 $\boldsymbol{u}_j = [u_{1j}, u_{2j}, \cdots, u_{6j}]^\mathrm{T}$，初等载荷矩阵

$$\boldsymbol{\Lambda}_1 = [\sqrt{\lambda_1}\boldsymbol{u}_1, \sqrt{\lambda_2}\boldsymbol{u}_2, \cdots, \sqrt{\lambda_6}\boldsymbol{u}_6].$$

计算得到特征值与各因子的贡献如表 10.21 所列。

表 10.21 特征值及各因子的贡献

特征值	3.5584	1.3163	0.6082	0.3734	0.1072	0.0365
贡献率	59.3070	21.9375	10.1373	6.2231	1.7863	0.6088
累积贡献率	59.3070	81.2445	91.3819	97.6049	99.3912	100.0000

④ 选择 $m(m \leqslant 6)$ 个主因子。根据各个公共因子的贡献率，选择 3 个主因子。对提取的因子载荷矩阵进行旋转，得到矩阵 $\boldsymbol{\Lambda}_2 = \boldsymbol{\Lambda}_1^{(3)} \boldsymbol{T}$（其中 $\boldsymbol{\Lambda}_1^{(3)}$ 为 $\boldsymbol{\Lambda}_1$ 的前 3 列，$\boldsymbol{T}$ 为正交矩阵），构造因子模型：

$$\begin{cases} \widetilde{x}_1 = \alpha_{11}\widetilde{F}_1 + \alpha_{12}\widetilde{F}_2 + \alpha_{13}\widetilde{F}_3, \\ \widetilde{\alpha}_2 = \alpha_{21}\widetilde{F}_1 + \alpha_{22}\widetilde{F}_2 + \alpha_{23}\widetilde{F}_3, \\ \quad \vdots \\ \widetilde{x}_7 = \alpha_{71}\widetilde{F}_1 + \alpha_{72}\widetilde{F}_2 + \alpha_{73}\widetilde{F}_3. \end{cases}$$

求得的因子载荷等估计如表 10.22 所列。

表 10.22 因子分析表

变量	旋转因子载荷估计			旋转后得分函数			旋转后共同度
	$\widetilde{F}_1$	$\widetilde{F}_2$	$\widetilde{F}_3$	因子 1	因子 2	因子 3	
1	0.9076	0.2948	0.0347	0.7452	0.3545	-0.4805	0.9119
2	0.8700	-0.2496	0.0781	0.8890	-0.0741	-0.1716	0.8253
3	0.0991	0.8923	0.4280	-0.0595	0.9840	-0.1319	0.9892
4	0.8805	-0.2072	0.0566	0.8795	-0.0500	-0.2129	0.8214
5	0.9134	-0.2797	0.1928	0.9703	-0.0306	-0.0853	0.9497
6	0.5986	0.4997	-0.6143	0.2172	0.1306	-0.9598	0.9855
可解释方差	3.5584	1.3163	0.6082	3.1115	1.1198	1.2516	

通过表 10.22 可以看出，得到了 3 个因子，第一个因子是穿住用因子，第二个因子是燃料因子，第 3 个因子是文化因子。第(1)问中得到 x_4、x_5 是一类变量，这里得到 x_2、x_4、x_5 是一类变量，略有差异。

计算的 Matlab 程序如下：

```
clc,clear,d=readmatrix('data10_6_1.txt');
sd=zscore(d);                          % 数据标准化
r=corrcoef(sd);                        % 求相关系数矩阵
[vec1,val,con]=pcacov(r)               % 进行主成分分析的相关计算
cumrate=cumsum(con)                    % 计算累积贡献率
vec2=vec1.*sign(sum(vec1));            % 特征向量正负号转换
```

```
a=vec2.*(sqrt(val)'                              % 求初等载荷矩阵
contr1=sum(a.^2)                                 % 计算因子贡献
num=input('请选择主因子的个数:');                   % 交互式选择主因子的个数
am=a(:,[1:num]);                                 % 提出 num 个主因子的载荷矩阵
[b,t]=rotatefactors(am,'method', 'varimax')      % 旋转变换,b 为旋转后的载荷阵
bt=[b,a(:,[num+1:end])];                         % 旋转后全部因子的载荷矩阵
degree=sum(b.^2,2)                               % 计算共同度
contr2=sum(bt.^2)                                % 计算因子贡献
rate=contr2(1:num)/sum(contr2)                   % 计算因子贡献率
coef=inv(r)*b                                    % 计算得分函数的系数
writematrix(a(:,[1:num]),'data10_6_3.xlsx');
writematrix(contr1(1:num),'data10_6_3.xlsx','Range','A7');
writematrix(b,'data10_6_3.xlsx','Range','D1');
writematrix(contr2(1:num),'data10_6_3.xlsx','Range','D7');
writematrix(degree,'data10_6_3.xlsx','Range','G1');
```

(3) 聚类分析方法。首先进行变量聚类的 R 型聚类分析,步骤如下。

① 计算变量间的相关系数。用两变量 x_j 与 x_k 的相关系数作为它们的相似性度量,即 x_j 与 x_k 的相似系数为

$$r_{jk} = \frac{\sum_{i=1}^{16}(a_{ij}-\mu_j)(a_{ik}-\mu_k)}{\left[\sum_{i=1}^{16}(a_{ij}-\mu_j)^2 \sum_{i=1}^{16}(a_{ik}-\mu_k)^2\right]^{\frac{1}{2}}}, j,k=1,2,\cdots,6.$$

② 计算 6 个变量两两之间的距离,构造距离矩阵 $(d_{jk})_{6\times 6}$,这里 $d_{jk}=1-|r_{jk}|$,$j,k=1,2,\cdots,6$。

③ 变量聚类。使用最短距离法来测量类与类之间的距离,即类 G_p 和 G_q 之间的距离:

$$D(G_p,G_q) = \min_{i \in G_p, k \in G_q}\{d_{ik}\}.$$

变量聚类的结果是变量 x_3 自成一类,其他变量为一类。画出的变量聚类图如图 10.3 所示。

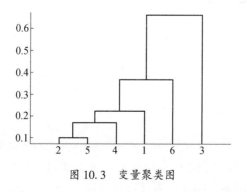

图 10.3 变量聚类图

R 型聚类的 Matlab 程序如下:

```
clc,clear, a=readmatrix('data10_6_1.txt');
z=linkage(a','single','correlation');      % 按最短距离法聚类
y=cluster(z,'maxclust',2)                  % 把变量划分成两类
ind1=find(y==1);ind1=ind1'                 % 显示第一类对应的变量标号
ind2=find(y==2);ind2=ind2'                 % 显示第二类对应的变量标号
h=dendrogram(z);                           % 画聚类图
set(h,'Color','k','LineWidth',1.3)         % 把聚类图线的颜色改成黑色,线宽加粗
```

最后进行样本点聚类的 Q 型聚类分析。计算步骤如下:

① 计算 16 个样本点之间的两两马氏距离。由于马氏距离可以消除量纲的影响,此处使用马氏距离计算样本点之间的距离,向量 $\boldsymbol{\alpha}$ 和 $\boldsymbol{\beta}$ 之间的马氏距离为

$$c(\boldsymbol{\alpha},\boldsymbol{\beta}) = \sqrt{(\boldsymbol{\alpha}-\boldsymbol{\beta})^{\mathrm{T}} \boldsymbol{\Sigma}^{-1}(\boldsymbol{\alpha}-\boldsymbol{\beta})},$$

计算时,$\boldsymbol{\Sigma}$ 使用的是样本协方差阵。这样可以得到 16 个样本点之间的两两距离矩阵 $\boldsymbol{D} = (c_{ij})_{16 \times 16}$。

② 类与类间的相似性度量。如果有两个样本类 $\widetilde{G}_1$ 和 $\widetilde{G}_2$,使用最短距离度量它们之间的距离,即定义它们之间的距离:

$$\widetilde{c}(\widetilde{G}_1, \widetilde{G}_2) = \min_{\boldsymbol{\alpha} \in \widetilde{G}_1, \boldsymbol{\beta} \in \widetilde{G}_2} \{c(\boldsymbol{\alpha},\boldsymbol{\beta})\}.$$

③ 画聚类图,并对样本点进行分类。

样本点的聚类结果如图 10.4 所示。通过聚类图,可以把地区分成 4 类,北京自成一类,吉林自成一类,上海自成一类,其他地区为一类。

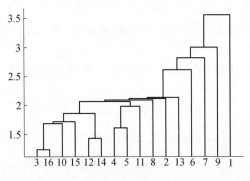

图 10.4 地区的聚类图

计算的 Matlab 程序如下:

```
clc,clear, close all
a=readmatrix('data10_6_1.txt');
z=linkage(a,'single','mahalanobis');       % 按最短距离法聚类
h=dendrogram(z);                           % 画聚类图
set(h,'Color','k','LineWidth',1.3)         % 把聚类图线的颜色改成黑色,线宽加粗
```

10.7 表 10.23 的数据是 10 种不同可乐软包装饮料的品牌的相似阵(0 表示相同,100 表示完全不同),试用多维标度法对其进行处理。

表 10.23 可乐软包装饮料数据

	1	2	3	4	5	6	7	8	9	10
1. Diet Pepsi	0									
2. Riet-Rite	34	0								
3. Yukon	79	54	0							
4. Dr. Pepper	86	56	70	0						
5. Shasta	76	30	51	66	0					
6. Coca-Cola	63	40	37	90	35	0				
7. Ciet Dr. Pepper	57	86	77	50	76	77	0			
8. Tab	62	80	71	88	67	54	66	0		
9. Papsi-Cola	65	23	69	66	22	35	76	71	0	
10. Diet-Rite	26	60	70	89	63	67	59	33	59	0

解 用表 10.23 给定的数据构造距离矩阵 $D=(d_{ij})_{n\times n}$,这里 $n=10$,D 为对称阵,表中的数据为 D 的下三角元素。多维标度法的目的就是要确定数 k,在 k 维空间 $\mathbf{R}^k$ 中求 n 个点 $e_1,e_2,\cdots,e_n$,使得这 n 个点的欧几里得距离与距离阵中的相应值在某种意义下尽量接近。即如果用 $\hat{D}=(\hat{d}_{ij})$ 记求得的 n 个点的距离阵,则要求在某种意义下,$\hat{D}$ 和 D 尽量接近。在实际中,为了使求得的结果易于解释,通常取 $k=1,2,3$。

设按某种要求求得的 n 个点为 $e_1,e_2,\cdots,e_n$(这里为 k 维列向量),并写成矩阵形式 $X=[e_1,e_2,\cdots,e_n]^T$,则称 X 为 D 的一个解(或称多维标度解)。在多维标度法中,形象地称 X 为距离阵 D 的一个拟合构图(configuration),由这 n 个点之间的欧几里得距离构成的距离阵称为 D 的拟合距离阵。所谓拟合构图,其意义是有了这 n 个点的坐标,可以在 $\mathbf{R}^k$ 中画出图来,使得它们的距离阵 $\hat{D}$ 和原始的 n 个客体的距离阵 D 接近,并可给出原始 n 个客体关系一个有意义的解释。特别地,如果 $\hat{D}=D$,则称 X 为 D 的一个构图。

为了叙述问题方便,先引进几个记号。令

$$\begin{cases} A=(a_{ij})_{n\times n}, & \text{其中 } a_{ij}=-\frac{1}{2}d_{ij}^2, \\ B=HAH, & \text{其中 } H=I_n-\frac{1}{n}E_n. \end{cases}$$

式中:I_n 为 n 阶单位阵,且

$$E_n=\begin{bmatrix} 1 & \cdots & 1 \\ \vdots & \ddots & \vdots \\ 1 & \cdots & 1 \end{bmatrix}_{n\times n}.$$

多维标度法经典解的求解步骤如下:

(1)由距离阵 D 构造矩阵 $A=(a_{ij})_{n\times n}=\left(-\frac{1}{2}d_{ij}^2\right)_{n\times n}$,作出矩阵 $B=HAH$,其中 $H=I_n-\frac{1}{n}E_n$。

(2) 求出 B 的 k 个最大特征值 $\lambda_1 \geq \lambda_2 \geq \cdots \geq \lambda_k$,和对应的正交特征向量 $\boldsymbol{\alpha}_1, \boldsymbol{\alpha}_2, \cdots, \boldsymbol{\alpha}_k$,并且满足规格化条件 $\boldsymbol{\alpha}_i^T \boldsymbol{\alpha}_i = \lambda_i, i = 1, 2, \cdots, k$。

注意,这里关于 k 的选取有两种方法:一种是事先指定,如 $k=1,2,3$;另一种是考虑前 k 个特征值在全体特征值中所占的比例,这时需将所有特征值 $\lambda_1 \geq \lambda_2 \geq \cdots \geq \lambda_n$ 求出。如果 λ_i 都非负,说明 B 半正定,从而 D 为欧几里得的,则依据

$$\varphi = \frac{\lambda_1 + \lambda_2 + \cdots + \lambda_k}{\lambda_1 + \lambda_2 + \cdots + \lambda_n} \geq \varphi_0$$

来确定上式成立的最小 k 值,其中 φ_0 为预先给定的百分数(即变差贡献比例)。如果 λ_i 中有负值,则表明 D 是非欧几里得的,这时用

$$\varphi = \frac{\lambda_1 + \lambda_2 + \cdots + \lambda_k}{|\lambda_1| + |\lambda_2| + \cdots + |\lambda_n|} \geq \varphi_0$$

求出最小的 k 值,但必要求 $\lambda_1 \geq \lambda_2 \geq \cdots \geq \lambda_k > 0$,否则必须减少 φ_0 的值以减少个数 k。

(3) 将所求得的特征向量顺序排成一个 $n \times k$ 矩阵 $\hat{X} = [\boldsymbol{\alpha}_1, \boldsymbol{\alpha}_2, \cdots, \boldsymbol{\alpha}_k]$,则 $\hat{X}$ 就是 D 的一个拟合构图,$\hat{X}$ 的行向量 $\boldsymbol{e}_i^T (i=1,2,\cdots,n)$ 对应的点 P_i 是 D 的拟合构图点。这一 k 维拟合图称为经典解 k 维拟合构图(简称经典解)。

本题中 $n=10$,取 $k=2$,得到的二维拟合构图如图 10.5 所示。

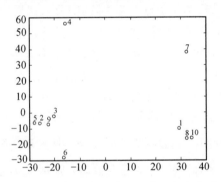

图 10.5 品牌分析的多维标度法拟合构图

通过图 10.5,可以把 10 个品牌分成 5 类,品牌 1、8、10 为第一类,品牌 2、3、5、9 为第二类,品牌 4 为第三类,品牌 6 为第四类,品牌 7 为第五类。

计算的 Matlab 程序如下:

```
clc, clear, close all
d = importdata('data10_7.xlsx');
d(isnan(d)) = 0; d = nonzeros(d)';
[y,eigvals] = cmdscale(d)              % 求经典解
plot(y(:,1),y(:,2),'o','Color','k','LineWidth',1.3)  % 画出点的坐标
str = cellstr(int2str([1:10]'));       % 构造标注的字符串
text(y(:,1),y(:,2)+3,str)              % 对10个品牌对应的点进行标注
```

10.8 下面是关于摩托车的一个调查,共有 20 种车的数据,其中考察了 5 个变量:

(1) 发动机大小,用 1、2、3、4、5 来代表;

(2) 汽罐容量,用 1、2、3 来相对描述;

(3) 费油率,用 1、2、3、4 来相对描述;

(4) 重量,用 1、2、3、4、5 来描述;

(5) 产地,0 表示北美,1 表示其他产地。

试用多维标度法来处理表 10.24 中的数据,并对结果进行解释。

表 10.24 摩托车性能数据

车类型	发动机大小	汽罐容量	费油率	重量	产地
Pontiac Paris	5	3	4	5	0
Honda Civic	1	1	1	1	1
Buick Century	4	2	4	3	0
Subaru GL	1	1	1	2	1
Volvo 740GLE	2	1	2	3	1
Plymouth Caragel	2	1	2	3	0
Honda Accord	1	1	2	2	1
Chev Camaro	3	2	3	4	0
Plymouth Horizon	2	1	2	2	0
Chrvsler Davtona	2	1	2	3	0
Cadillac Fleetw	4	3	4	5	0
Ford Mustang	5	3	4	4	0
Toyota Celica	2	1	2	2	1
Ford Escort	1	1	2	2	0
Toyota Tercel	1	1	1	1	1
Toyota Camry	2	1	1	2	1
Mercury Capri	5	3	4	4	0
Toyota Cressida	3	2	3	4	1
Nissan 300ZX	3	2	4	4	1
Nissan Maxima	3	—	2	4	4	1

解 用 $x_j(j=1,2,\cdots,5)$ 表示发动机大小、气罐容量、费油率、重量和产地 5 个指标变量。用 $i=1,2,\cdots,20$ 表示 20 种摩托车,a_{ij} 表示第 i 种摩托车第 j 个指标变量的取值。

定义第 i 种和第 k 种摩托车之间的距离为

$$d_{ik} = \sum_{j=1}^{5} |a_{ij} - a_{kj}|,$$

构造距离矩阵 $\boldsymbol{D}=(d_{ik})_{20\times 20}$,使用多维标度法研究 20 种摩托车之间的相似性。

得到的拟合构图如图 10.6 所示。

从图 10.6 可以看出,20 种类型的摩托车可以分成 5 类,第一类包括 1、11、12、17,第二类包括 2、4、5、7、13、15、16,第三类包括 3、8,第四类包括 6、9、10、14,第五类包括 18、19、20。

计算的 Matlab 程序如下:

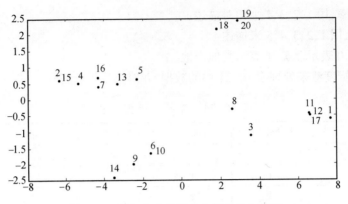

图 10.6 摩托车多维标度分析的拟合构图

```
clc, clear, close all
a=readmatrix('data10_8.txt'); d=pdist(a,'cityblock');
[y,eigvals]=cmdscale(d)                              % 求经典解
plot(y(:,1),y(:,2),'.','Color','k','LineWidth',1.3)  % 画出点的坐标
str=cellstr(int2str([1:20]'));                       % 构造标注的字符串细胞数组
text(y(:,1)+0.05, y(:,2)+0.05, str, 'FontSize',12)
```

第11章 偏最小二乘回归分析习题解答

11.1 考查的指标(因变量)y表示原辛烷值,自变量x_1表示直接蒸馏成分,x_2表示重整汽油,x_3表示原油热裂化油,x_4表示原油催化裂化油,x_5表示聚合物,x_6表示烷基化物,x_7表示天然香精。7个变量表示7个成分含量的比例(满足$x_1+x_2+\cdots+x_7=1$)。表11.1给出12种混合物中7种成分和y的数据。试用偏最小二乘方法建立y与$x_1,x_2,\cdots,x_7$的回归方程,用于确定7种构成元素$x_1,x_2,\cdots,x_7$对y的影响。

表 11.1 化工试验的原始数据

序号	x_1	x_2	x_3	x_4	x_5	x_6	x_7	y
1	0	0.23	0	0	0	0.74	0.03	98.7
2	0	0.1	0	0	0.12	0.74	0.04	97.8
3	0	0	0	0.1	0.12	0.74	0.04	96.6
4	0	0.49	0	0	0.12	0.37	0.02	92.0
5	0	0	0	0.62	0.12	0.18	0.08	86.6
6	0	0.62	0	0	0	0.37	0.01	91.2
7	0.17	0.27	0.1	0.38	0	0	0.08	81.9
8	0.17	0.19	0.1	0.38	0.02	0.06	0.08	83.1
9	0.17	0.21	0.1	0.38	0	0.06	0.08	82.4
10	0.17	0.15	0.1	0.38	0.02	0.1	0.08	83.2
11	0.21	0.36	0.12	0.25	0	0	0.06	81.4
12	0	0	0	0.55	0	0.37	0.08	88.1

解 样本点的个数为12,分别用$i=1,2,\cdots,12$表示各个样本点,自变量的观测数据矩阵记为$\boldsymbol{A}=(a_{ij})_{12\times7}$,因变量的观测数据记为$\boldsymbol{B}=[b_1,b_2,\cdots,b_{12}]^\mathrm{T}$。

(1) 数据标准化。将各指标值a_{ij}转换成标准化指标值$\tilde{a}_{ij}$,即

$$\tilde{a}_{ij}=\frac{a_{ij}-\mu_j^{(1)}}{s_j^{(1)}}, i=1,2,\cdots,12, \quad j=1,2,\cdots,7.$$

式中:$\mu_j^{(1)}=\frac{1}{12}\sum_{i=1}^{12}a_{ij}, s_j^{(1)}=\sqrt{\frac{1}{12-1}\sum_{i=1}^{12}(a_{ij}-\mu_j^{(1)})^2}$ ($j=1,2,\cdots,7$),即$\mu_j^{(1)}$、$s_j^{(1)}$为第j个自变量x_j的样本均值和样本标准差。对应地,称

$$\tilde{x}_j=\frac{x_j-\mu_j^{(1)}}{s_j^{(1)}}, \quad j=1,2,\cdots,7$$

为标准化指标变量。

类似地,将 b_i 转换成标准化指标值 $\tilde{b}_i$,即

$$\tilde{b}_i = \frac{b_i - \mu^{(2)}}{s^{(2)}}, \quad i = 1, 2, \cdots, 12,$$

式中: $\mu^{(2)} = \frac{1}{12}\sum_{i=1}^{12} b_i, s^{(2)} = \sqrt{\frac{1}{12-1}\sum_{i=1}^{12}(b_i - \mu^{(2)})^2}$,即 $\mu^{(2)}, s^{(2)}$ 为因变量 y 的样本均值和样本标准差;对应地,称

$$\tilde{y} = \frac{y - \mu^{(2)}}{s^{(2)}}$$

为对应的标准化变量。

(2) 分别提出自变量组和因变量组的成分。使用 Matlab 软件,可以求得 7 对成分,其中第一对成分为

$$\begin{cases} u_1 = -0.0906\tilde{x}_1 - 0.0575\tilde{x}_2 - 0.0804\tilde{x}_3 - 0.116\tilde{x}_4 + 0.0238\tilde{x}_5 - 0.0657\tilde{x}_7, \\ v_1 = 3.1874\tilde{y}. \end{cases}$$

前 3 个成分解释自变量的比率为 91.83%,只要取 3 对成分即可。

(3) 求 3 个成分对时,标准化指标变量与成分变量之间的回归方程。求得自变量组和因变量组与 u_1、u_2、u_3 之间的回归方程分别为

$$\tilde{x}_1 = -2.9991u_1 - 0.1186u_2 + 1.0472u_3$$
$$\tilde{x}_2 = 0.2095u_1 - 2.7981u_2 + 1.7237u_3,$$
$$\vdots$$
$$\tilde{x}_7 = -2.7279u_1 + 1.3298u_2 - 1.3002u_3,$$
$$\tilde{y} = 3.1874u_1 + 0.7617u_2 + 0.3954u_3.$$

(4) 求因变量组与自变量组之间的回归方程。把(2)中成分 u_i 代入(3)中 $\tilde{y}$ 的回归方程,得到标准化指标变量之间的回归方程为

$$\tilde{y} = -0.1391\tilde{x}_1 - 0.2087\tilde{x}_2 - 0.1376\tilde{x}_3 - 0.2932\tilde{x}_4$$
$$-0.0384\tilde{x}_5 + 0.4564\tilde{x}_6 - 0.1434\tilde{x}_7.$$

将标准化变量 $\tilde{y}, \tilde{x}_j (j=1,2,\cdots,7)$ 分别还原成原始变量 y, x_j,得到回归方程为

$$y = 92.6760 - 9.8283x_1 - 6.9602x_2 - 16.6662x_3$$
$$-8.4218x_4 - 4.3889x_5 + 10.1613x_6 - 34.5290x_7.$$

(5) 模型的解释与检验。为了更直观、迅速地观察各个自变量在解释 y 时的边际作用,可以绘制回归系数图,如图 11.1 所示。这个图是针对标准化数据的回归方程。

从回归系数图中可以立刻观察到,原油催化裂化油和烷基化物变量在解释回归方程时起到了极为重要的作用。

为了考查这个回归方程的模型精度,可以 $(\hat{y}_i, y_i)$ 为坐标值,对所有的样本点绘制预测图。$\hat{y}_i$ 是 y 在第 i 个样本点的预测值。在这个预测图上,如果所有点都能在图的对角线附近均匀分布,则方程的拟合值与原值差异很小,这个方程的拟合效果就是满意的。原辛烷值的预测图如图 11.2 所示。

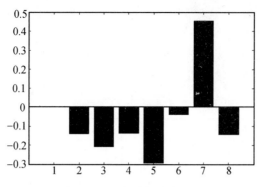

图 11.1 回归系数的直方图

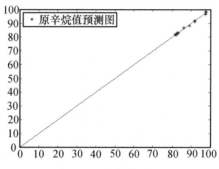

图 11.2 原辛烷值的预测图

计算和画图的 Matlab 程序如下:

```
clc,clear,close all
ab0=load('data11_1.txt');      % 原始数据存放在纯文本文件 data11_1.txt 中
mu=mean(ab0);sig=std(ab0);     % 求均值和标准差
ab=zscore(ab0);                % 数据标准化
a=ab(:,[1:end-1]);b=ab(:,end); % 提出标准化后的自变量和因变量数据
[XL,YL,XS,YS,BETA,PCTVAR,MSE,stats]=plsregress(a,b)
xw=a\XS             % 求自变量的主成分系数,每列对应一个成分,这里 xw 等于 stats.W
yw=b\YS             % 求因变量的主成分系数
ncomp=input('请根据 PCTVAR 的值确定提出成分对的个数 ncomp=');
[XL2,YL2,XS2,YS2,BETA2,PCTVAR2,MSE2,stats2]=plsregress(a,b,ncomp)
n=size(a,2);        % n 是自变量的个数
beta3(1)=mu(end)-mu(1:n)./sig(1:n)*BETA2([2:end]).*sig(end);    % 原始数据
回归方程的常数项
beta3([2:n+1])=(1./sig(1:n))'*sig(n+1:end).*BETA2([2:end])
bar(BETA2','k')                % 画柱状图
yhat=beta3(1)+ab0(:,[1:n])*beta3([2:end])'    % 求 y 的预测值
ymax=max([yhat;ab0(:,end)]);   % 求预测值和观测值的最大值
figure
```

```
plot(yhat(:,1),ab0(:,n+1),'*',[0:ymax],[0:ymax],'Color','k')
legend('原辛烷值预测图','Location','northwest')
```

11.2 试对表 11.2 的 38 名学生的体质和运动能力数据,用偏最小二乘法建立 5 个运动能力指标与 7 个体质变量的回归方程。

表 11.2 学生体质与运动能力数据

序号	体质情况							运动能力				
	x_1	x_2	x_3	x_4	x_5	x_6	x_7	y_1	y_2	y_3	y_4	y_5
1	46	55	126	51	75.0	25	72	6.8	489	27	8	360
2	52	55	95	42	81.2	18	50	7.2	464	30	5	348
3	46	69	107	38	98.0	18	74	6.8	430	32	9	386
4	49	50	105	48	97.6	16	60	6.8	362	26	6	331
5	42	55	90	46	66.5	2	68	7.2	453	23	11	391
6	48	61	106	43	78.0	25	58	7.0	405	29	7	389
7	49	60	100	49	90.6	15	60	7.0	420	21	10	379
8	48	63	122	52	56.0	17	68	7.0	466	28	2	362
9	45	55	105	48	76.0	15	61	6.8	415	24	6	386
10	48	64	120	38	60.2	20	62	7.0	413	28	7	398
11	49	52	100	42	53.4	6	42	7.4	404	23	6	400
12	47	62	100	34	61.2	10	62	7.2	427	25	7	407
13	41	51	101	53	62.4	5	60	8.0	372	25	3	409
14	52	55	125	43	86.3	5	62	6.8	496	30	10	350
15	45	52	94	50	51.4	20	65	7.6	394	24	3	399
16	49	57	110	47	72.3	19	45	7.0	446	30	11	337
17	53	65	112	47	90.4	15	75	6.6	420	30	12	357
18	47	57	95	47	72.3	9	64	6.6	447	25	4	447
19	48	60	120	47	86.4	12	62	6.8	398	28	11	381
20	49	55	113	41	84.1	15	60	7.0	398	27	4	387
21	48	69	128	42	47.9	20	63	7.0	485	30	7	350
22	42	57	122	46	54.2	15	63	7.2	400	28	6	388
23	54	64	155	51	71.4	19	61	6.9	511	33	12	298
24	53	63	120	42	56.6	8	53	7.5	430	29	4	353
25	42	71	138	44	65.2	17	55	7.0	487	29	9	370
26	46	66	120	45	62.2	22	68	7.4	470	28	7	360
27	45	56	91	29	66.2	18	51	7.9	380	26	5	358
28	50	60	120	42	56.6	8	57	6.8	460	32	5	348
29	42	51	126	50	50.0	13	57	7.7	398	27	2	383
30	48	50	115	41	52.9	6	39	7.4	415	28	6	314
31	42	52	140	48	56.3	15	60	6.9	470	27	11	348

(续)

序号	体质情况							运动能力				
	x_1	x_2	x_3	x_4	x_5	x_6	x_7	y_1	y_2	y_3	y_4	y_5
32	48	67	105	39	69.2	23	60	7.6	450	28	10	326
33	49	74	151	49	54.2	20	58	7.0	500	30	12	330
34	47	55	113	40	71.4	19	64	7.6	410	29	7	331
35	49	74	120	53	54.5	22	59	6.9	500	33	21	348
36	44	52	110	37	54.9	14	57	7.5	400	29	2	421
37	52	66	130	47	45.9	14	45	6.8	505	28	11	355
38	48	68	100	45	53.6	23	70	7.2	522	28	9	352

解 主成分的个数为 5,用偏最小二乘法求得的 5 个运动能力指标与 7 个体质变量的回归方程分别为

$$y_1 = 11.1448 - 0.0296x_1 - 0.0122x_2 - 0.0033x_3 - 0.0165x_4$$
$$-0.0091x_5 + 0.0055x_6 - 0.0042x_7,$$

$$y_2 = 66.518 + 1.8409x_1 + 2.9021x_2 + 0.6315x_3 + 1.5221x_4$$
$$-0.433x_5 + 0.0421x_6 + 0.0144x_7,$$

$$y_3 = 6.5484 + 0.2296x_1 + 0.0956x_2 + 0.0563x_3 - 0.0535x_4$$
$$+0.0059x_5 + 0.104x_6 - 0.0229x_7,$$

$$y_4 = -28.3717 + 0.1951x_1 + 0.2638x_2 + 0.0317x_3 + 0.1133x_4$$
$$+0.0324x_5 - 0.0786x_6 + 0.0219x_7,$$

$$y_5 = 587.9033 - 3.6103x_1 + 0.4905x_2 - 0.803x_3 + 0.0132x_4$$
$$-0.0973x_5 - 1.4652x_6 + 0.6883x_7.$$

计算的 Matlab 程序如下:

```
clc,clear,close all
ab0=load('data11_2.txt');        % 原始数据存放在纯文本文件 data11_2.txt 中
mu=mean(ab0);sig=std(ab0);       % 求均值和标准差
ab=zscore(ab0);                  % 数据标准化
a=ab(:,[1:7]);b=ab(:,[8:12]);    % 提出标准化后的自变量和因变量数据
[XL,YL,XS,YS,BETA,PCTVAR,MSE,stats]=plsregress(a,b)
% XL 的每一行是标准化自变量对相应主成分的回归系数
% BETA 各列是标准化因变量对标准化自变量的回归系数
% PCTVAR 的第一行是自变量组主成分的贡献率
xw=a\XS  % 求自变量的主成分系数,每列对应一个成分,这里 xw 等于 stats.W
yw=b\YS  % 求因变量的主成分系数
ncomp=input('请根据 PCTVAR 的值确定提出成分对的个数 ncomp=');
[XL2,YL2,XS2,YS2,BETA2,PCTVAR2,MSE2,stats2]=plsregress(a,b,ncomp)
n=size(a,2);m=size(b,2);         % n 是自变量的个数,m 是因变量的个数
% 原始数据回归方程的常数项
beta3(1,:)=mu(n+1:end)-mu(1:n)./sig(1:n)*BETA2([2:end],:).*sig(n+1:end);
```

```
    beta3([2:n+1],:)=(1./sig(1:n))'*sig(n+1:end).*BETA2([2:end],:)      % 计算原
始变量 x1,...,xn 的系数,每一列是一个回归方程
    bar(BETA2','k')                     % 画柱状图
    yhat=beta3(1,:)+ab0(:,[1:n])*beta3([2:end],:)       % 求 y1,..,y5 的预测值
    ymax=max([yhat;ab0(:,[n+1:end])]);              % 求预测值和观测值的最大值
    % 下面画 y1,y2,y3,y4,y5 的预测图,并画直线 y=x
    figure, subplot(2,3,1),
    plot(yhat(:,1),ab0(:,n+1),'*',[0:ymax(1)],[0:ymax(1)],'Color','k')
    legend('$y_1$','Interpreter','latex','Location','northwest')
    subplot(2,3,2)
    plot(yhat(:,2),ab0(:,n+2),'O',[0:ymax(2)],[0:ymax(2)],'Color','k')
    legend('$y_2$','Interpreter','latex','Location','northwest')
    subplot(2,3,3)
    plot(yhat(:,3),ab0(:,n+3),'H',[0:ymax(3)],[0:ymax(3)],'Color','k')
    legend('$y_3$','Interpreter','latex','Location','northwest')
    subplot(2,3,4)
    plot(yhat(:,4),ab0(:,n+4),'H',[0:ymax(4)],[0:ymax(4)],'Color','k')
    legend('$y_4$','Interpreter','latex','Location','northwest')
    subplot(2,3,5)
    plot(yhat(:,5),ab0(:,end),'H',[0:ymax(5)],[0:ymax(5)],'Color','k')
    legend('$y_5$','Interpreter','latex','Location','northwest')
```

第 12 章 现代优化算法习题解答

12.1 用遗传算法求解下列非线性规划问题：

$$\min \quad f(x) = (x_1-2)^2 + (x_2-1)^2,$$
$$\text{s. t.} \begin{cases} x_1 - 2x_2 + 1 \geq 0, \\ \dfrac{x_1^2}{4} - x_2^2 + 1 \geq 0. \end{cases}$$

解 显然 $x_1=2, x_2=1$ 是全局最优解，对应的最优值为 0。遗传算法求得的解是不稳定的。

```
clc,clear
obj=@(x)(x(1)-2)^2+(x(2)-1)^2;
a=[-1,2]; b=1;
[x,val]=ga(obj,2,a,b,[],[],[],[],@cons)
function [c,ceq]=cons(x);
c=-x(1)^2/4+x(2)^2-1; ceq=[];
end
```

12.2 学生面试问题。高校自主招生是高考改革中的一项新生事物，现在仍处于探索阶段。某高校拟在全面衡量考生的高中学习成绩及综合表现后再采用专家面试的方式决定录取与否。该校在今年自主招生中，经过初选合格进入面试的考生有 N 人，拟聘请老师 M 人。每位学生要分别接受 4 位老师（简称该学生的"面试组"）的单独面试。面试时，各位老师独立地对考生提问并根据其回答问题的情况给出评分。由于这是一项主观性很强的评价工作，老师的专业可能不同，他们的提问内容、提问方式以及评分习惯也会有较大差异，因此面试同一位考生的"面试组"的具体组成不同会对录取结果产生一定影响。为了保证面试工作的公平性，组织者提出如下要求：

（1）每位老师面试的学生数量应尽量均衡；
（2）面试不同考生的"面试组"成员不能完全相同；
（3）两个考生的"面试组"中有两位或三位老师相同的情形尽量少；
（4）被任意两位老师面试的两个学生集合中出现相同学生的人数尽量少。

请回答如下问题：

问题一：设考生数 N 已知，在满足（2）的情况下，说明聘请老师数 M 至少分别应为多大，才能做到任两位学生的"面试组"都没有两位以及三位面试老师相同的情形。

问题二：请根据（1）~（4）的要求建立学生与面试老师之间合理的分配模型，并就 $N=$

379，$M=24$ 的情形给出具体的分配方案(每位老师面试哪些学生)及该方案满足(1)～(4)这些要求的情况。

问题三：假设面试老师中理科与文科的老师各占一半，并且要求每位学生接受两位文科与两位理科老师的面试，请在此假设下分别回答问题一与问题二。

问题四：请讨论考生与面试老师之间分配的均匀性和面试公平性的关系。为了保证面试的公平性，除了组织者提出的要求外，还有哪些重要因素需要考虑，试给出新的分配方案或建议。

注：本题为2006年全国研究生数学建模竞赛的 D 题，有兴趣的读者可以参看网上的一些优秀论文。

解 问题一：

设 G 为 m 阶简单无向图，若 G 中的所有顶点对之间都有边相连，则称 G 为 m 阶的完全图，记为 K_m，如四阶完全图记作 K_4。

如果用 G 的每个顶点来表示不同的老师，用 G 中的边来表示老师在同一个"面试组"这一关系，则 G 中的每个无重复边的 K_4 图，就对应着一个"面试组"方案，同时，每有一个面试方案，就意味着老师可以接受一个考生的面试请求。

对于一个 M 阶完全图 G，N 表示 G 中无重复边的 K_4 的个数，则必有

$$M \geq \frac{1+\sqrt{1+48N}}{2}.$$

证明：对于 G 来说，从中每删除一个 K_4 子图的边，G 中的边就将减少6条。则 G 能提供的 K_4 子图的最大个数为 $C_M^2/6$，进一步有

$$C_M^2/6 \geq N,$$

化简后 $M^2-M-12N \geq 0$，则有

$$M \geq \frac{1+\sqrt{1+48N}}{2}.$$

问题二：

设

$$x_{ij}=\begin{cases}1, & \text{表示第 } i \text{ 个教师面试第 } j \text{ 个学生}\\ 0, & \text{表示第 } i \text{ 个教师不面试第 } j \text{ 个学生}\end{cases}, i=1,2,\cdots,M, \quad j=1,2,\cdots,N.$$

首先把题目中的面试要求转化为数学表达式。

(1) 平均每个老师面试的人数为 $\frac{4N}{M}$，每个老师面试的学生数量应尽量均衡，则要满足均衡约束条件

$$\frac{4N}{M}-\alpha \leq \sum_{j=1}^{N} x_{ij} \leq \frac{4N}{M}+\alpha, i=1,2,\cdots,M.$$

式中：α 为调整裕度。

(2) 面试不同考生的"面试组"成员不能完全相同,则有
$$\sum_{i=1}^{M} x_{ij}x_{it} \leq 3, 1 \leq j < t \leq N.$$

(3) 两个考生的"面试组"中有两位或三位老师相同的情形尽量少,即 $\sum_{i=1}^{M} x_{ij}x_{it} = 3$,或 $\sum_{i=1}^{M} x_{ij}x_{it} = 2$,$1 \leq j < t \leq N$ 出现的次数要少。

定义 $p_{jt} = \sum_{i=1}^{M} x_{ij}x_{it}, j \neq t$,当 $j = t$ 时,定义 $p_{jt} = 0$;要使有两位或三位老师相同的情形出现的次数少,即使 $\sum_{j=1}^{N-1}\sum_{t=j+1}^{N} p_{jt}$ 要小。

(4) 被任意两位老师面试的两个学生集合中出现相同学生的人数尽量少,即 $\sum_{j=1}^{N} x_{ij}x_{kj}, 1 \leq i < k \leq M$ 要尽量少。

定义 $q_{ik} = \sum_{j=1}^{N} x_{ij}x_{kj}, i \neq k$,当 $i = k$ 时,定义 $q_{ik} = 0$,即要使 $\sum_{i=1}^{M-1}\sum_{k=i+1}^{M} q_{ik}$ 要少。

(5) 每个学生要经过 4 个老师的面试,则有
$$\sum_{i=1}^{M} x_{ij} = 4, j = 1, 2, \cdots, N.$$

综上所述,本题实际上是两个目标函数的目标规划,即要使出现相同老师或相同学生的人数都尽量少,取这两个目标函数的权重相等,建立如下 0-1 整数非线性规划模型:

$$\min \sum_{j=1}^{N-1}\sum_{t=j+1}^{N} p_{jt} + \sum_{i=1}^{M-1}\sum_{k=i+1}^{M} q_{ik},$$

$$\text{s.t.} \begin{cases} \frac{4N}{M} - \alpha \leq \sum_{j=1}^{N} x_{ij} \leq \frac{4N}{M} + \alpha, i = 1, 2, \cdots, M, \\ p_{jt} = \sum_{i=1}^{M} x_{ij}x_{it}, j, t = 1, 2, \cdots, N, j \neq t, \\ p_{jj} = 0, j = 1, 2, \cdots, N, \\ p_{jt} \leq 3, j, t = 1, 2, \cdots, N, \\ q_{ik} = \sum_{j=1}^{N} x_{ij}x_{kj}, i, k = 1, 2, \cdots, M, i \neq k, \\ q_{ii} = 0, i = 1, 2, \cdots, M, \\ \sum_{i=1}^{M} x_{ij} = 4, j = 1, 2, \cdots, N, \\ x_{ij} = 0 \text{ 或 } 1, i = 1, 2, \cdots, M; j = 1, 2, \cdots, N. \end{cases}$$

式中:α 为调整裕度,可以试着取 1、2 等。

问题二的 Matlab 程序如下:

```
dc,dear,global M N L
N=379; M=24; L=M*N;
[x,fval]=ga(@obj,L,[],[],[],[],zeros(L,1),ones(L,1),@constr

function f=obj(x);
global M N L
f=0; x=reshape(x,[M,N]);
for j=1:N-1
    for t=j+1:N
        f=f+x(:,j)'*x(:,t);
    end
end
for i=1:M-1
    for k=i+1:M
        f=f+x(i,:)*x(k,:)';
    end
end
end

function [c,ceq]=constr(x);
global M N
x=reshape(x,[M,N]); alpha=2; k=1;
for i=1:M
    c(k)=-sum(x(i,:))+4*N/M-alpha;
    c(2*k-1)=sum(x(i,:))-4*N/M-alpha; k=k+1;
end
k=2*M+1;
for j=1:N-1
    for t=j+1:N
        c(k)=x(:,j)'*x(:,t)-3;
        k=k+1;
    end
end
for j=1:N
    ceq(j)=sum(x(:,j))-4;
end
end
```

注:(1) 上述 Matlab 程序中为了书写方便和突破 Matlab 对矩阵维数的限制,把线性约束也写在非线性约束中。

(2) 由于问题的规模较大,实际上 Matlab 很难求出上述问题的较好解。最好自己设计遗传算法来求解上述问题。

问题二的 Lingo 程序如下：

```
model:
sets:
teacher/1..24/;
student/1..379/;
link1(teacher,student):x;
link2(teacher,teacher):q;
link3(student,student):p;
endsets
data:
n=379;
m=24;
enddata
min=0.5*@sum(link3:p)+0.5*@sum(link2:q);
@for(teacher(i):@sum(student(j):x(i,j))>4*n/m-2;
@sum(student(j):x(i,j))<4*n/m+2);
@for(link3(j,t)|j#ne#t:p(j,t)=@sum(teacher(i):x(i,j)*x(i,t)));
@for(link3(j,t)|j#eq#t:p(j,t)=0);
@for(link3:p<=3);
@for(link2(i,k)|i#ne#k:q(i,k)=@sum(student(j):x(i,j)*x(k,j)));
@for(link2(i,k)|i#eq#k:q(i,k)=0);
@for(student(j):@sum(teacher(i):x(i,j))=4);
@for(link1:@bin(x));
end
```

由于问题规模较大及非线性，Lingo 软件实际上是无法求解上述问题的。

问题三：

当面试老师中理科与文科老师各占一半时，老师总数 M 为偶数，把理科老师和文科老师依次标号为 $1,2,\cdots,\frac{M}{2}$，引进 0-1 变量：

$$y_{ij}=\begin{cases}1, & \text{表示第 } i \text{ 个理科老师面试第 } j \text{ 个学生,}\\ 0, & \text{表示第 } i \text{ 个理科老师不面试第 } j \text{ 个学生,}\end{cases}$$

$$z_{ij}=\begin{cases}1, & \text{表示第 } i \text{ 个文科老师面试第 } j \text{ 个学生,}\\ 0, & \text{表示第 } i \text{ 个文科老师不面试第 } j \text{ 个学生,}\end{cases}$$

其中 $i=1,2,\cdots,\frac{M}{2}, j=1,2,\cdots,N$。

类似于问题二，建立如下 0-1 整数非线性规划模型：

$$\min \sum_{j=1}^{N-1}\sum_{t=j+1}^{N} p_{jt} + \sum_{i=1}^{\frac{M}{2}-1}\sum_{k=i+1}^{\frac{M}{2}}(q_{ik}^{(1)}+q_{ik}^{(2)}) + \sum_{i=1}^{\frac{M}{2}-1}\sum_{k=i+1}^{\frac{M}{2}} q_{ik}^{(3)},$$

$$\text{s.t.} \begin{cases} \dfrac{4N}{M} - \alpha \leq \sum_{j=1}^{N} y_{ij} \leq \dfrac{4N}{M} + \alpha, & i=1,2,\cdots,\dfrac{M}{2}, \\[2mm] \dfrac{4N}{M} - \alpha \leq \sum_{j=1}^{N} z_{ij} \leq \dfrac{4N}{M} + \alpha, & i=1,2,\cdots,\dfrac{M}{2}, \\[2mm] p_{jt} = \sum_{i=1}^{M/2} y_{ij} y_{it} + \sum_{i=1}^{M/2} z_{ij} z_{it}, & j,t=1,2,\cdots,N,\ j \neq t, \\[2mm] p_{jj} = 0, & j=1,2,\cdots,N, \\[2mm] p_{jt} \leq 3, & j,t=1,2,\cdots,N, \\[2mm] q_{ik}^{(1)} = \sum_{j=1}^{N} y_{ij} y_{kj}, & i,k=1,2,\cdots,\dfrac{M}{2},\ i \neq k, \\[2mm] q_{ii}^{(1)} = 0, & i=1,2,\cdots,\dfrac{M}{2}, \\[2mm] q_{ik}^{(2)} = \sum_{j=1}^{N} z_{ij} z_{kj}, & i,k=1,2,\cdots,\dfrac{M}{2},\ i \neq k, \\[2mm] q_{ii}^{(2)} = 0, & i=1,2,\cdots,\dfrac{M}{2}, \\[2mm] q_{ik}^{(3)} = \sum_{j=1}^{N} y_{ij} z_{kj}, & i,k=1,2,\cdots,\dfrac{M}{2}, \\[2mm] \sum_{i=1}^{M/2} y_{ij} = 2, & j=1,2,\cdots,N, \\[2mm] \sum_{i=1}^{M/2} z_{ij} = 2, & j=1,2,\cdots,N, \\[2mm] y_{ij}, z_{ij} = 0 \text{ 或 } 1,\ i=1,2,\cdots,\dfrac{M}{2};\ j=1,2,\cdots,N. \end{cases}$$

由于问题的规模比较大，此处就不给出计算程序了。

问题四：

（1）均匀—公平的关系。根据对题目的理解，老师分配得越均匀，对于学生来说就越公平。由于面试是一个主观性很强的评价工作，老师的专业不同，提问的内容、方式以及评分习惯会有较大差异，因此面试同一位考生的"面试组"成员的具体组成不同会对录取结果产生一定影响。

对于不同学生参加面试，面试组成员对其进行评分标准不一，出发点也不同，这就在某些程度上影响了学生的综合得分。不同老师面试的学生数量尽量均衡，可以使公平性在一定程度上得到提高。

组织者提出的 4 点要求也从侧面反映了这个问题，即尽量使面试老师分配得更为均衡，两个考生的"面试组"成员不能完全相同，就是尽量让考生接受不同老师的面试，杜绝两位考生面试时为同一面试组现象的发生。

考生与面试老师之间分配均匀时，面试不同考生的面试组成员不会出现完全相同的情况，避免后来面试的考生获取面试的相关信息，影响面试的公平性。两个考生的面试组中有两位或三位老师相同的情形比较少，任意两个老师面试的学生集合中出现相同学生的人数也比较少，不同老师的组合可以让每个面试组对不同考生有不同的衡量标准，避免用同一标准来衡量不同的学生。

由于每个面试组组成成员不同,因此评价标准也会不同,又因为每个学生擅长的方面不同,这样使得每位学生的面试标准有所不同,使得面试带有一定程度的随机性,从而更好地保证面试的公平性。面试的老师之间分配的均匀性越高,每位教师面试学生的数目相对均衡,相互之间的交集越小,公平性越高。因此均匀性越高时,公平性越好。

总之,可以使面试过程尽量公平,但要做到绝对公平是不可能的。

(2) 建议。在面试过程中有可能存在以下问题:

一方面,每位老师的兴趣以及爱好不同,导致老师在问考生问题的时候侧重点是不同的;另一方面,考生的爱好和兴趣也各不相同,每人都有自己的特点,在回答同一个问题时,有可能各自回答问题的出发点不同。

为了保证面试过程的公平性,给出以下建议:

① 每位老师对所有的学生都公平对待;

② 每位老师都准备大量的题目,在面试考生时随机抽取问题;

③ 老师在对学生打分时是根据题目的难易而定的,难度越大,相对来说所得到的分数越多,老师在提问时,题目由易入难;

④ "面试组"在组成时,老师应该来自不同专业,这一点体现了面试的综合性。

在平时的考试中,每位考生作的都是同一份试卷,每一道题都有标准答案,由于每位考生面对的条件都是一样的,在一定的程度上似乎体现了考试的公平性。但是,从相同的试卷上看不出更多的东西(除了分数的高低)。在录取中设置面试这一道门槛,使得高校更清楚地初步认识每位考生的综合能力的高低,在今后对学生的培养中有一定的侧重点。高校在把握面试公平性的情况下,可以将入学面试进行推广。

12.3 用遗传算法求解下列非线性整数规划:

$$\min z = x_1^2 + x_2^2 + 3x_3^2 + 4x_4^2 + 2x_5^2 - 8x_1 - 2x_2 - 3x_3 - x_4 - 2x_5,$$

$$\text{s. t.} \begin{cases} 0 \leq x_i \leq 99, i=1,\cdots,5, \\ x_1 + x_2 + x_3 + x_4 + x_5 \leq 400, \\ x_1 + 2x_2 + 2x_3 + x_4 + 6x_5 \leq 800, \\ 2x_1 + x_2 + 6x_3 \leq 200, \\ x_3 + x_4 + 5x_5 \leq 200. \end{cases}$$

解 求得的最优解(不唯一)为

$$x_1 = 4, x_2 = 1, x_3 = 1, x_4 = 0, x_5 = 1,$$

目标函数的最优值为 $z = -17$。

```
clc, clear
obj=@(x)x(1)^2+x(2)^2+3*x(3)^2+4*x(4)^2+2*x(5)^2-...
    8*x(1)-2*x(2)-3*x(3)-x(4)-2*x(5);
a=[1 1 1 1 1;1 2 2 1 6;2 1 6 0 0;0 0 1 1 5];
b=[400 800 200 200]';
lb=zeros(5,1); ub=99*ones(5,1);
Intcon=[1:5];          % 整数变量的下标
[x,y]=ga(obj,5,a,b,[],[],lb,ub,[],Intcon)
```

第 13 章　数字图像处理习题解答

13.1　找一个二值图像的 tif 文件,再找一个灰度图像的 tif 文件,看看它们的文件头有什么区别。

解　TIF 由四个部分组成,分别为图像头文件、图像文件目录、目录入口、图像数据。图像头文件(Image File Header,IFH)的内容如表 13.1 所列。

表 13.1　图像头文件(IFH)

成员	字节数
Byte order	2
Version	2
Offset to first IFD	4

IFH 数据结构包含 3 个成员共计 8 字节,Byte order 成员可能是"MM"(0x4d4d)或"II"(0x4949),0x4d4d 表示该 TIF 图是摩托罗拉整数格式,0x4949 表示该图是 Intel 整数格式;Version 成员总是包含十进制 42(0x2a),它用于进一步校验该文件是否为 TIF 格式,42 这个数并不是一般人想象中的那样是 TIF 软件的版本,实际上,42 这个数大概永远不会变化;Offset to first IFD 是 IFD 相对文件开始处的偏移量。

如下的二值图像的 tif 文件和灰度图像的 tif 文件,它们的头文件是一样的。

读头文件的 Matlab 程序如下:

```
clc, clear
fid1 = fopen('ti13_1_1.tif','r');    % 黑白图像
fid2 = fopen('ti13_1_2.tif','r');    % 灰度图像
b1 = fread(fid1,2,'uint16'), b2 = fread(fid2,2,'uint16')
c1 = fread(fid1,1,'uint32'), c2 = fread(fid2,1,'uint32')
```

13.2　使用一副真实图像作为输入,连续旋转图像,每次 30°。给出旋转 12 次后的结果并与原输入图像进行对比。

解　若旋转 12 次,图像画板变得非常大,而感兴趣的图像相对于画板非常小,并且计算机特别容易死机。这里只旋转了一次,并且比较了旋转后的图像与原图像的大小。

计算的 Matlab 程序如下:

```
clc, clear
a = imread('ti13_2.tif');
b = imrotate(a,30);
[m1,n1] = size(a), [m2,n2] = size(b)
subplot(1,2,1), imshow(a)
subplot(1,2,2), imshow(b)
```

旋转后的图像与原图像的对比如图 13.1 所示。

图 13.1 旋转后的图像与原图像的对比

13.3 考虑一幅有不同宽度竖条的图像,编写程序实现如表 13.2 的模板(再将结果除以 16)进行平滑。

表 13.2 模板数据

1	2	1
2	4	2
1	2	1

解 进行图像平滑的 Matlab 程序如下(图像变化见图 13.2):

```
clc, clear, close all
h=[1 2 1;2 4 2;1 2 1]/16;
a=imread('ti13_3.jpg');
b=imfilter(a,h);
subplot(1,2,1),imshow(a),title('原图像')
subplot(1,2,2),imshow(b),title('滤波后的图像')
```

图 13.2 平滑滤波后的图像与原图像的对比

13.4 编程把一幅 bmp 格式的图像保存成 jpg 格式的图像。

解 转换的 Matlab 程序如下:

```
clc,clear
a=imread('ti13_4_1.bmp');
imwrite(a,'ti13_4_2.jpg')
subplot(1,2,1),imshow(a)
subplot(1,2,2),imshow('ti13_4_2.jpg')
```

13.5 编程先将一幅灰度图像用 3×3 平均滤波器平滑一次,再进行如下增强:

$$g(x,y) = \begin{cases} G[f(x,y)], & G[f(x,y)] \geq T, \\ f(x,y), & \text{其他}. \end{cases}$$

式中:$G[f(x,y)]$ 为 $f(x,y)$ 在 (x,y) 处的梯度;T 为非负的阈值。

(1) 比较原始图像和增强图像,看哪些地方得到了增强;

(2) 改变阈值 T 的数值,看对增强效果有哪些影响。

解 变换的 Matlab 程序如下:

```
clc,clear,T=20;                    % T为增强时的阈值
a=imread('ti13_4_1.bmp');
h=[1 2 1;2 4 2;1 2 1]/16;
b=imfilter(a,h);
subplot(1,3,1),imshow(a),title('原图像')
subplot(1,3,2),imshow(b),title('滤波后的图像')
b=double(b);                       % 必须转化为double类型才能做梯度运算
[bx,by]=gradient(b);dxy=(bx.^2+by.^2).^(1/2);
dxy=uint8(dxy);c=uint8(b);         % 把double类型数据转化为uint8类型图像数据
c(dxy>T)=dxy(dxy>T);               % 进行增减变换
subplot(1,3,3),imshow(c),title('增强后的图像')
```

图像的变换效果如图 13.3 所示,通过变换效果图可以看到,文字部分得到了增强。

图 13.3 图像变换效果图

13.6 计算图片文件 tu.bmp 给出的两个圆 A、B 的圆心。

解 计算 A 圆的圆心坐标。这里不给出算法,直接使用 Matlab 软件求得 A 圆的圆心坐标为(109.7516,86.7495),半径为 80.5。

计算的 Matlab 程序如下:

```
clc,clear,close all
I=imread('ti13_6.bmp');            % 读取图像
[m,n]=size(I)                      % 计算图像的大小
```

```
I = rgb2gray(I);                    % 转化为灰度图
BW = imbinarize(I);                 % 转化成二进制图像
subplot(121), imshow(BW)
BW(:,200:512) = 1;                  % 盖住第 2 个圆
subplot(122), imshow(BW)
ed = edge(BW);                      % 提出边界
[y,x] = find(ed);                   % 求边界点的坐标
x0 = mean(x), y0 = mean(y)          % 计算圆心的坐标
r1 = max(x)-min(x)+1, r2 = max(y)-min(y)+1
r = (r1+r2)/4                       % 计算圆的半径
```

计算得到 B 圆的圆心坐标为(334.0943,245.7547),半径为 81.25。计算的 Matlab 程序如下:

```
clc, clear, closs all
I = imread('ti13_6.bmp');           % 读取图像
I = rgb2gray(I);                    % 转化为灰度图
BW = imbinarize(I);                 % 转化成二进制图像
BW(:,1:200) = 1;                    % 盖住 A 圆
imshow(BW)
ed = edge(BW);                      % 提出边界
[y,x] = find(ed);                   % 求边界点的坐标
x0 = mean(x), y0 = mean(y)          % 计算圆心的坐标
r1 = max(x)-min(x)+1, r2 = max(y)-min(y)+1
r = (r1+r2)/4                       % 计算圆的半径
```

注:也可以利用 Matlab 的内置函数直接计算圆的圆心和半径。求得 A 圆的圆心与编程计算结果是一样的,计算的 Matlab 程序如下:

```
clc, clear
I = imread('ti13_6.bmp');
I = rgb2gray(I);                    % 转化为灰度图
BW = imbinarize(I,0.9);             % 转化成二进制图像
BW(:,200:512) = 1;                  % 盖住 B 圆
ed = edge(BW);                      % 提出 A 圆的边界
stat1 = regionprops(ed,'all')       % 提出 A 圆所在图像的特征
center = stat1.Centroid             % 提出 A 圆的圆心
xy = stat1.BoundingBox              % 提出 A 圆所在的盒子
r = sum(xy(3:4))/4                  % 计算 A 圆的半径
```

13.7 生成一个 10 个数据的随机向量,绘制对应的柱状图,并把画出的图形保存为 jpg 文件。

解 Matlab 程序如下:

```
clc, clear
x = rand(1,10); bar(x);
h = getframe(gcf); imwrite(h.cdata,'ti13_7.jpg')
```

第14章 综合评价与决策方法习题解答

14.1 1989 年度西山矿务局 5 个生产矿井实际资料如表 14.1 所列,对西山矿务局 5 个生产矿井 1989 年的企业经济效益进行综合评价。

表 14.1 1989 年度西山矿务局 5 个生产矿井技术经济指标实现值

指标	白家庄矿	杜尔坪矿	西铭矿	官地矿	西曲矿
原煤成本	99.89	103.69	97.42	101.11	97.21
原煤利润	96.91	124.78	66.44	143.96	88.36
原煤产量	102.63	101.85	104.39	100.94	100.64
原煤销售量	98.47	103.16	109.17	104.39	91.90
商品煤灰分	87.51	90.27	93.77	94.33	85.21
全员效率	108.35	106.39	142.35	121.91	158.61
流动资金周转天数	71.67	137.16	97.65	171.31	204.52
资源回收率	103.25	100	100	99.13	100.22
百万吨死亡率	171.2	51.35	15.90	53.72	20.78

解 用 $x_1, x_2, \cdots, x_9$ 分别表示评价的指标变量原煤成本、原煤利润、原煤产量、原煤销售量、商品煤灰分、全员效率、流动资金周转天数、资源回收率、百万吨死亡率。其中 x_1, x_5, x_7, x_9 是成本型指标,其余变量是效益型指标。

这里评价对象有 5 个,分别是白家庄矿、杜尔坪矿、西铭矿、官地矿、西曲矿,第 i 个评价对象关于第 j 个指标变量 x_j 的取值记为 a_{ij},对应的数据矩阵 $\boldsymbol{A} = (a_{ij})_{5 \times 9}$。使用 TOPSIS 方法进行评价,评价的步骤如下。

(1) 对数据进行标准化,成本指标的标准化公式为

$$\widetilde{x}_j = \frac{x_j^{\max} - x_j}{x_j^{\max} - x_j^{\min}}, \quad j = 1, 5, 7, 9,$$

效益指标的标准化公式为

$$\widetilde{x}_j = \frac{x_j - x_j^{\min}}{x_j^{\max} - x_j^{\min}}, \quad j = 2, 3, 4, 6, 8.$$

式中: $x_j^{\max}$ 为第 j 个指标变量取值的最大值; $x_j^{\min}$ 为第 j 个指标变量取值的最小值。

标准化的数据矩阵记为 $\boldsymbol{B} = (b_{ij})_{5 \times 9}$。

(2) 求正理想解 C^* 和负理想解 C^0。设正理想解 C^* 的第 j 个指标值为 c_j^*,负理想解 C^0 第 j 个指标值为 c_j^0,则

$$\text{正理想解 } c_j^* = \max_{1 \leq i \leq 5} b_{ij}, j = 1, 2, \cdots, 9,$$

$$\text{负理想解 } c_j^0 = \min_{1 \leq i \leq 5} b_{ij}, j = 1, 2, \cdots, 9.$$

(3) 计算各评价对象到正理想解与负理想解的距离。

第 i 个评价对象到正理想解的距离为

$$d_i^* = \sqrt{\sum_{j=1}^{9}(b_{ij}-c_j^*)^2}, i=1,2,\cdots,5,$$

第 i 个评价对象到负理想解的距离为

$$d_i^0 = \sqrt{\sum_{j=1}^{n}(b_{ij}-c_j^0)^2}, i=1,2,\cdots,5.$$

(4) 计算各方案的排队指标值(即综合评价值)

$$f_i^* = d_i^0/(d_i^0+d_i^*), i=1,2,\cdots,5.$$

(5) 按 f_i^* 由大到小排列方案的优劣次序。

利用 Matlab 程序计算得到的综合评价值如表 14.2 所列。综合排名次序依次为西铭矿、白家庄矿、西曲矿、杜尔坪矿、官地矿。

表 14.2 评价的指标值

	白家庄矿	杜尔坪矿	西铭矿	官地矿	西曲矿
d_i^*	1.7702	1.9663	1.6246	2.0979	2.0140
d_i^0	1.8669	1.4802	2.2596	1.5528	2.0219
f_i^*	0.5133	0.4295	0.5817	0.4253	0.5010

计算的 Matlab 程序如下:

```
clc, clear
a=load('data141.txt');
a=a';[m,n]=size(a);
for j=[1 5 9]
    b(:,j)=(max(a(:,j))-a(:,j))/(max(a(:,j))-min(a(:,j)));
end
for j=[2:4,6,8]
    b(:,j)=(a(:,j)-min(a(:,j)))/(max(a(:,j))-min(a(:,j)));
end
cstar=max(b); c0=min(b);
dstar=norm(b-cstar,2,2);      % q 求到正理想解的距离
d0=norm(b-c0,2,2);            % 求到负理想的距离
f=d0./(dstar+d0);
[sf,ind]=sort(f,'descend')    % 求排序结果
writematrix([dstar';d0';f'],'data14_1.2.xlsx')
```

14.2 随着现代科学技术的发展,每年都有大量的学术论文发表。如何衡量学术论文的重要性,成为学术界和科技部门普遍关心的一个问题。有一种确定学术论文重要性的方法是考虑论文被引用的状况,包括被引用的次数以及引用论文的重要性程度。假如我们用有向图来表示论文引用关系,"A"引用"B"可用图 14.1 表示。

现有 A、B、C、D、E、F 共 6 篇学术论文,它们的引用关系如图 14.2 所示。设计依据上述引用关系排 6 篇论文重要性顺序的模型与算法,并给出用该算法排得的结果。

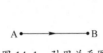
图 14.1 引用关系图

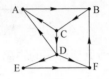
图 14.2 六篇论文的引用关系

解 我们通过计算 6 篇论文的 PageRank 值来对 6 篇论文的重要性进行排序。图 14.2 对应有向图 $G=(V,E,W)$，其中顶点集 $V=\{v_1,v_2,\cdots,v_6\}$，$v_1,v_2,\cdots,v_6$ 分别对应学术论文 A、B、C、D、E、F，邻接矩阵

$$W=(w_{ij})_{6\times 6}=\begin{bmatrix} 0 & 1 & 0 & 0 & 0 & 0 \\ 0 & 0 & 1 & 0 & 0 & 0 \\ 1 & 0 & 0 & 1 & 0 & 0 \\ 1 & 0 & 0 & 0 & 1 & 1 \\ 0 & 0 & 0 & 0 & 0 & 1 \\ 0 & 1 & 0 & 0 & 0 & 0 \end{bmatrix},$$

记顶点 v_i 的出度为 r_i，则 $r_i=\sum_{j=1}^{6}w_{ij}$，构造状态转移矩阵 $P=(p_{ij})_{6\times 6}$，其中

$$p_{ij}=\frac{1-d}{6}+d\frac{w_{ij}}{r_i},$$

这里 d 是模型参数，通常取 $d=0.85$，p_{ij} 表示从 v_i 转移到 v_j 的概率。计算得

$$P=\begin{bmatrix} 0.025 & 0.875 & 0.025 & 0.025 & 0.025 & 0.025 \\ 0.025 & 0.025 & 0.875 & 0.025 & 0.025 & 0.025 \\ 0.45 & 0.025 & 0.025 & 0.45 & 0.025 & 0.025 \\ 0.3083 & 0.025 & 0.025 & 0.025 & 0.3083 & 0.3083 \\ 0.025 & 0.025 & 0.025 & 0.025 & 0.025 & 0.875 \\ 0.025 & 0.875 & 0.025 & 0.025 & 0.025 & 0.025 \end{bmatrix},$$

求矩阵 P^T 最大特征值 1 对应的归一化特征向量，得 6 篇论文的 PageRank 值分别为

$$\begin{bmatrix} 0.1697 & 0.2675 & 0.2524 & 0.1323 & 0.0625 & 0.1156 \end{bmatrix}^T,$$

其柱状图如图 14.3 所示。6 篇论文重要性的从高到低排列次序为 2,3,1,4,6,5。

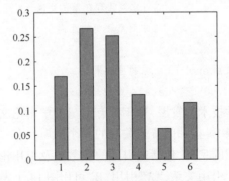
图 14.3 六篇论文 PageRank 值柱状图

计算的 Matlab 程序如下：

```
clc,clear,close all
w=zeros(6);w(1,2)=1;w(2,3)=1;
w(3,[1 4])=1;w(4,[1 5 6])=1;
w(5,6)=1;w(6,2)=1;
nodes={'A','B','C','D','E','F'};
G=digraph(w,nodes);              %构造有向图
plot(G)                          %画有向图
r=sum(w,2);n=length(w);
P=0.15/n+0.85*w./r               %计算状态转移概率矩阵
[vec,val]=eigs(P',1)             %求最大特征值对应的特征向量
vec=vec/sum(vec)                 %特征向量归一化
figure,bar(vec,0.5)              %画 PageRank 值的柱状图
```

14.3 已知经管、汽车、信息、材化、计算机、土建、机械学院 7 个学院学生 4 门基础课（数学、物理、英语、计算机）的平均成绩如表 14.3 所列。试用模糊聚类分析方法对学生成绩进行评价。

表 14.3 基础课平均成绩表

	经管	汽车	信息	材化	计算机	土建	机械
数学	62.03	62.48	78.52	72.12	74.18	73.95	66.83
物理	59.47	63.70	72.38	73.28	67.07	68.32	76.04
英语	68.17	61.04	75.17	77.68	67.74	70.09	76.87
计算机	72.45	68.17	74.65	70.77	70.43	68.73	73.18

解 用 $i=1,2,3,4$ 分别表示数学、物理、英语、计算机 4 门基础课，$j=1,2,\cdots,7$ 分别表示经管、汽车、信息、材化、计算机、土建、机械学院 7 个学院，a_{ij} 表示第 j 个学院第 i 门基础课的平均成绩。

（1）数据标准化。采用极差变换

$$b_{ij}=\frac{a_{ij}-a_{i\min}}{a_{i\max}-a_{i\min}}.$$

式中：$a_{i\min}$ 和 $a_{i\max}$ 分别为第 i 门基础课平均成绩的最小值和最大值；b_{ij} 为第 j 个学院第 i 门基础课平均成绩的标准化数值。

按上述公式计算得到 7 个学院四门基础课成绩指标的标准化数据如表 14.4 所列。

表 14.4 平均成绩的标准化数据

	经管	汽车	信息	材化	计算机	土建	机械
数学	0	0.0273	1	0.6119	0.7368	0.7229	0.2911
物理	0	0.2553	0.7791	0.8334	0.4587	0.5341	1
英语	0.4285	0	0.8492	1	0.4026	0.5439	0.9513
计算机	0.6605	0	1	0.4012	0.3488	0.0864	0.7731

（2）用最大最小法建立相似矩阵。根据标准化数据建立各学院之间四门基础课成绩指标的相似关系矩阵 $\boldsymbol{R}=(r_{ij})_{7\times 7}$，采用最大最小法来计算 r_{jk}，其计算公式为

$$r_{jk} = \frac{\sum_{i=1}^{4} \min(b_{ij}, b_{ik})}{\sum_{i=1}^{4} \max(b_{ij}, b_{ik})},$$

将表 14.4 中标准化数据代入上述公式，可计算得到 7 个学院 4 门基础课成绩指标的相似关系矩阵如表 14.5 所列。

表 14.5 相似关系矩阵

	经管	汽车	信息	材化	计算机	土建	机械
经管	1	0	0.3001	0.2672	0.3289	0.2092	0.3611
汽车	0	1	0.0779	0.0993	0.1451	0.1497	0.0937
信息	0.3001	0.0779	1	0.689	0.5366	0.5202	0.6814
材化	0.2672	0.0993	0.689	1	0.6131	0.6006	0.7318
计算机	0.3289	0.1451	0.5366	0.6131	1	0.7722	0.4337
土建	0.2092	0.1497	0.5202	0.6006	0.7722	1	0.4222
机械	0.3611	0.0937	0.6814	0.7318	0.4337	0.4222	1

（3）改造相似关系为等价关系。矩阵 $\boldsymbol{R}$ 满足自反性和对称性，但不具有传递性，为求等价矩阵，要对 $\boldsymbol{R}$ 进行改造，只需求其传递闭包。由平方法可求得传递闭包 $\hat{\boldsymbol{R}}=\boldsymbol{R}^4$，其具体数据如表 14.6 所列。

表 14.6 传递闭包矩阵

1	0.1497	0.3611	0.3611	0.3611	0.3611	0.3611
0.1497	1	0.1497	0.1497	0.1497	0.1497	0.1497
0.3611	0.1497	1	0.689	0.6131	0.6131	0.689
0.3611	0.1497	0.689	1	0.6131	0.6131	0.7318
0.3611	0.1497	0.6131	0.6131	1	0.7722	0.6131
0.3611	0.1497	0.6131	0.6131	0.7722	1	0.6131
0.3611	0.1497	0.689	0.7318	0.6131	0.6131	1

（4）聚类结果。传递闭包 $\hat{\boldsymbol{R}}=\boldsymbol{R}^4$ 就是模糊等价关系矩阵。利用 $\hat{\boldsymbol{R}}$ 可对 7 个学院进行聚类分析。记 $\hat{\boldsymbol{R}}=(\hat{r}_{jk})_{7\times 7}$，构造 $\hat{\boldsymbol{R}}$ 的 λ 截矩阵 $\boldsymbol{R}_\lambda=(R_\lambda(j,k))_{7\times 7}$，其中

$$R_\lambda(j,k) = \begin{cases} 1, & \text{当 } \hat{r}_{jk} \geq \lambda, \\ 0, & \text{当 } \hat{r}_{jk} < \lambda. \end{cases}$$

令 λ 由 1 降至 0，写出 $\boldsymbol{R}_\lambda$，按 $\boldsymbol{R}_\lambda$ 进行分类，元素 i 与 j 归为同一类的条件是

$$R_\lambda(j,k)=1, i,j=1,2,\cdots,7.$$

聚类结果如下：

① 当 $1 \geq \lambda > 0.7722$ 时，将 7 个学院分为 7 类：{经管}，{汽车}，{信息}，{材化}，{计

算机},{土建},{机械}。

② 当 0.7722≥λ>0.7318 时,将 7 个学院分为 6 类:{经管},{汽车},{信息},{材化},{计算机,土建},{机械}。

③ 当 0.7318≥λ>0.6890 时,将 7 个学院分为 5 类:{经管},{汽车},{信息},{材化,机械},{计算机,土建}。

④ 当 0.6890≥λ>0.6131 时,将 7 个学院分为 4 类:{经管},{汽车},{信息,材化,机械},{计算机,土建}。

⑤ 当 0.6131≥λ>0.3611 时,将 7 个学院分为 3 类:{经管},{汽车},{信息,材化,机械,计算机,土建}。

⑥ 当 0.3611≥λ>0.1497 时,将 7 个学院分为 2 类:{汽车},{经管,信息,材化,机械,计算机,土建}。

⑦ 当 0.1497≥λ≥0 时,将 7 个学院分为 1 类:{经管,汽车,信息,材化,机械,计算机,土建}。

按不同的阈值水平对 7 个学院进行模糊聚类,将会得到不同的分类结果,聚类图如图 14.4 所示。

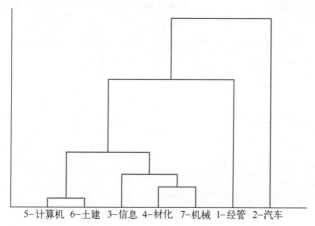

图 14.4 聚类结果图

学院成绩的聚类有助于学院成绩的比较、排队。通过对 7 个学院 4 门基础课成绩所做的分析,可以了解到信息、材化和机械这三个学院的学生成绩较高,计算机和土建这两个学院的学生成绩一般,经管和汽车学院的学生成绩稍差一些。

计算的 Matlab 程序如下:

```
clc, clear, close all
a = readmatrix('data14_3_1.txt');
jz=mean(a)                        % 求各学院学生成绩的平均值
[m,n]=size(a);                    % 求矩阵的行数和列数
amin=min(a,[],2);                 % 计算每一行的最小值
amax=max(a,[],2);                 % 计算每一列的最大值
b=(a-amin)./amax-amin             % 进行极差标准化
writematrix(b,'data14_3_2.xlsx')  % 把数据保存到 Excel 文件中,便于做表使用
```

```matlab
for i=1:n
    for j=1:n
        r(i,j)=sum(min([b(:,i)';b(:,j)']))/sum(max([b(:,i)';b(:,j)']));
    end
end
writematrix(r,'data14_3_2.xlsx','Sheet',2)  % 把c写入第2个表单中
r                                            % 显示相似矩阵
r1=hecheng(r)                                % 进行一次合成运算
r1=hecheng(r1)                               % 进行第二次合成运算
r1=hecheng(r1)                               % 进行第三次合成运算
writematrix(r1,'data14_3_2.xlsx','Sheet',3)
ur=unique(r1);                               % 求等价矩阵中的所有不同元素
ur=sort(ur,'descend')                        % 把等价矩阵中的元素按照从大到小排列
R2=(r1>=ur(2))                               % 求关于ur(2)的lamda截矩阵
R3=(r1>=ur(3)), R4=(r1>=ur(4))
R5=(r1>=ur(5)), R6=(r1>=ur(6))
d=1-r1; d=tril(d);                           % 根据相似系数计算距离矩阵,并截取矩阵的下三角元素
d=nonzeros(d); d=d';                         % 提取linkage需要的距离数据
S={'1-经管','2-汽车','3-信息','4-材化','5-计算机','6-土建','7-机械'};
z=linkage(d); dendrogram(z,'label',S)        % 画聚类图
yticks([])                                   % y轴不显示刻度

function rhat=hecheng(r);                    % 定义矩阵合成的子函数
k=length(r);
for i=1:k
    for j=1:k
        rhat(i,j)=max(min([r(i,:);r(:,j)']));
    end
end
end
```

第15章 预测方法习题解答

15.1 某地区用水管理机构需要对居民的用水速度(单位时间的用水量)和日总用水量进行估计。现有一居民区,其自来水是由一个圆柱形水塔提供,水塔高 12.2m,塔的直径为 17.4m。水塔是由水泵根据水塔中的水位自动加水。按照设计,当水塔中的水位降至最低水位,约 8.2m 时,水泵自动启动加水;当水位升高到最高水位,约 10.8m 时,水泵停止工作。

表 15.1 给出的是 28 个时刻的数据,但由于水泵正向水塔供水,有 4 个时刻无法测到水位(表 15.1 中为—)。

表 15.1 水塔中水位原始数据

时刻(t)/h	0	0.92	1.84	2.95	3.87	4.98	5.90
水位/m	9.68	9.48	9.31	9.13	8.98	8.81	8.69
时刻(t)/h	7.01	7.93	8.97	9.98	10.92	10.95	12.03
水位/m	8.52	8.39	8.22	—	—	10.82	10.5
时刻(t)/h	12.95	13.88	14.98	15.9	16.83	17.93	19.04
水位/m	10.21	9.94	9.65	9.41	9.18	8.92	8.66
时刻(t)/h	19.96	20.84	22.01	22.96	23.88	24.99	25.91
水位/m	8.43	8.22	—	—	10.59	10.35	10.18

试建立数学模型,来估计居民的用水速度和日总用水量。

解 (1)插值法。要估计在任意时刻(包括水泵灌水期间)t 居民的用水速度和日总用水量,分如下三步。

① 水塔中水的体积的计算。计算水的流量,首先需要计算出水塔中水的体积,即

$$V = \frac{\pi}{4} D^2 h.$$

式中:D 为水塔的直径;h 为水塔中的水位高度。

② 水塔中水流速度的估计。居民的用水速度就是水塔中的水流速度,水流速度应该是水塔中水的体积对时间的导数,但由于没有每一时刻水体积的具体数学表达式,只能用差商近似导数。

由于在两个时段,水泵向水塔供水,无法确定水位的高度,因此在计算水塔中水流速度时要分三段计算。第一段为 0~8.97h,第二时段为 10.95~20.84h,第三段为 23.88~25.91h。

上面计算仅给出流速的离散值,如果需要得到流速的连续型曲线,需要作插值处理,这里可以使用三次样条插值。

③ 日总用水量的计算。日用水量是对水流速度作积分,其积分区间是[0,24],可以采用数值积分的方法计算。

用 Matlab 软件计算时,首先把原始数据粘贴到纯文本文件 data15_1.txt 中,并且把"-"替换为数值-1。计算的 Matlab 程序如下:

```
clc, clear, close all
a=load('data15_1.txt');
t0=a([1:2:end],:); t0=t0'; t0=t0(:);    % 提出时间数据,并展开成列向量
h0=a([2:2:end],:); h0=h0'; h0=h0(:);    % 提出高度数据,并展开成列向量
D=17.4;
V=pi/4*D^2*h0;                          % 计算各时刻的体积
dv=gradient(V,t0);                      % 计算各时刻的数值导数(导数近似值)
no1=find(h0==-1)                        % 找出原始无效数据的地址
no2=[no1(1)-1:no1(2)+1,no1(3)-1:no1(4)+1]  % 找出导数数据的无效地址
t=t0; t(no2)=[];                        % 删除导数数据无效地址对应的时间
dv2=-dv; dv2(no2)=[];                   % 给出各时刻的流速
plot(t,dv2,'*')                         % 画出流速的散点图
pp=csape(t,dv2);                        % 对流速进行插值
tt=0:0.1:t(end);                        % 给出插值点
fdv=fnval(pp,tt);                       % 计算各插值点的流速值
hold on, plot(tt,fdv)                   % 画出插值曲线
I=trapz(tt(1:241),fdv(1:241))           % 计算24h内总流量的数值积分
```

画出的流速图如图 15.1 所示。求得的日用水总量为 1248.3m³。

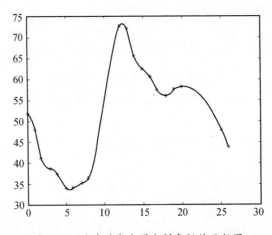

图 15.1 流速的散点图和样条插值函数图

(2) 拟合法。要估计在任意时刻(包括水泵灌水期间)t 居民的用水速度和日总用水量,分如下三步。

① 水塔中水的体积的计算。计算水的流量,首先需要计算出水塔中水的体积,即

$$V=\frac{\pi}{4}D^2h.$$

式中:D 为水塔的直径;h 为水塔中的水位高度。

② 水塔中水流速度的估计。居民的用水速度就是水塔中的水流速度,水流速度应该是水塔中水的体积对时间的导数,但由于没有每一时刻水体积的具体数学表达式,只能用差商近似导数。

由于在两个时段,水泵向水塔供水,无法确定水位的高度,因此在计算水塔中水流速度时要分三段计算。第一段为0~8.97h,第二时段为10.95~20.84h,第三段为23.88~25.91h。

上面计算仅给出流速的离散值,流速的散点图见图15.2中的"*"点。如果需要得到流速的连续型曲线,可以拟合多项式曲线,原始数据总共有28个观测值,其中4个无效数据。图15.2中总共有20个数据点,这里我们分三段进行三次多项式拟合,应用前6个数据点拟合三次多项式,即在时间区间[0,4.98]上拟合三次多项式;应用第6个数据点到第10个数据点,即在时间区间[4.98,12.03],拟合第二个三次多项式;应用第10个数据点到第20个数据点,总共11数据点,即在时间区间[12.03,25.91],拟合第三个三次多项式。拟合得到的分段三次多项式曲线如图15.2所示。

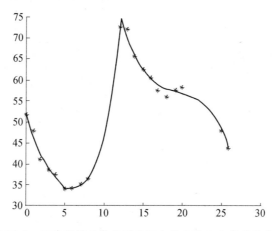

图15.2 流速数据的散点图及拟合的分段三次多项式曲线

③ 日总用水量的计算。日用水量是对水流速度作积分,其积分区间是[0,24],可以采用数值积分的方法计算。

这里求得的日总用水量为1221.8 m^3。

计算的 Matlab 程序如下:

```
clc, clear, close all
a=load('data15_1.txt');
t0=a([1:2:end],:); t0=t0'; t0=t0(:);          % 提出时间数据,并展开成列向量
h0=a([2:2:end],:); h0=h0'; h0=h0(:);          % 提出高度数据,并展开成列向量
D=17.4;
V=pi/4*D^2*h0;                                % 计算各时刻的体积
dv=gradient(V,t0);                            % 计算各时刻的数值导数(导数近似值)
no1=find(h0==-1);                             % 找出原始无效数据的地址
no2=[no1(1)-1:no1(2)+1,no1(3)-1:no1(4)+1]     % 找出导数数据的无效地址
t=t0; t(no2)=[];                              % 删除导数数据无效地址对应的时间
dv2=-dv; dv2(no2)=[];                         % 给出各时刻的流速
```

```
hold on,plot(t,dv2,'*')                    % 画出流速的散点图
a1=polyfit(t(1:6),dv2(1:6),3);             % 拟合第一个多项式的系数
a2=polyfit(t(6:10),dv2(6:10),3);           % 拟合第二个多项式的系数
a3=polyfit(t(10:20),dv2(10:20),3);         % 拟合第三个多项式的系数
dvf1=polyval(a1,[t(1):0.1:t(6)]);          % 计算第一个多项式的函数值
dvf2=polyval(a2,[t(6):0.1:t(10)]);         % 计算第二个多项式的函数值
dvf3=polyval(a3,[t(10):0.1:t(end)]);       % 计算第三个多项式的函数值
tt=t(1):0.1:t(end);dvf=[dvf1,dvf2,dvf3];
plot(tt,dvf)                               % 画出拟合的三个分段多项式曲线
I=trapz(tt(1:241),dvf(1:241))              % 计算24小时内总流量的数值积分
```

15.2 某大型企业 1997—2000 年的产值资料如表 15.2 所示,试建立 GM(1,1)预测模型,预测该企业 2001—2005 年的产值。

表 15.2　某大型企业 1997—2000 年的产值资料

年份	1997	1998	1999	2000
产值/万元	27260	29547	32411	35388

解 1. 级比检验

建立原始序列数据

$$\boldsymbol{x}^{(0)}=(x^{(0)}(1),x^{(0)}(2),x^{(0)}(3),x^{(0)}(4))=(27260,29547,32411,35388).$$

(1) 求级比。

$$\lambda(k)=\frac{x^{(0)}(k-1)}{x^{(0)}(k)},$$

$$\boldsymbol{\lambda}=(\lambda(2),\lambda(3),\lambda(4))=(0.9226,0.9116,0.9159).$$

(2) 级比判断。

由于所有的 $\lambda(k) \in [0.6703, 1.3956]$, $k=2,3,4$, 故可以用 $\boldsymbol{x}^{(0)}$ 进行满意的 GM(1,1) 建模。

2. GM(1,1)建模

(1) 对原始数据 $\boldsymbol{x}^{(0)}$ 作一次累加,得到

$$\boldsymbol{x}^{(1)}=(27260,56807,89218,124606).$$

(2) 构造数据矩阵 $\boldsymbol{B}$ 及数据向量 $\boldsymbol{Y}$,有

$$\boldsymbol{B}=\begin{bmatrix} -\frac{1}{2}(x^{(1)}(1)+x^{(1)}(2)) & 1 \\ -\frac{1}{2}(x^{(1)}(2)+x^{(1)}(3)) & 1 \\ -\frac{1}{2}(x^{(1)}(3)+x^{(1)}(4)) & 1 \end{bmatrix}, \boldsymbol{Y}=\begin{bmatrix} x^{(0)}(2) \\ x^{(0)}(3) \\ x^{(0)}(4) \end{bmatrix}.$$

(3) 计算

$$\hat{\boldsymbol{u}}=\begin{bmatrix} \hat{a} \\ \hat{b} \end{bmatrix}=(\boldsymbol{B}^{\mathrm{T}}\boldsymbol{B})^{-1}\boldsymbol{B}^{\mathrm{T}}\boldsymbol{Y}=\begin{bmatrix} -0.089995 \\ 25790.2838 \end{bmatrix},$$

得到 $\hat{a}=-0.089995, \hat{b}=25790.2838$。

（4）建立模型

$$\frac{\mathrm{d}x^{(1)}(t)}{\mathrm{d}t}+\hat{a}x^{(1)}(t)=\hat{b},$$

求解得

$$\hat{x}^{(1)}(k+1)=\left(x^{(0)}(1)-\frac{\hat{b}}{\hat{a}}\right)\mathrm{e}^{-\hat{a}k}+\frac{\hat{b}}{\hat{a}}=313834\mathrm{e}^{0.089995k}-286574. \qquad (15.1)$$

（5）求生成序列预测值 $\hat{x}^{(1)}(k+1)$ 及模型还原值 $\hat{x}^{(0)}(k+1)$，令 $k=1,2,3$，由式（15.1）的时间响应函数可算得 $\hat{\boldsymbol{x}}^{(1)}$，其中取 $\hat{x}^{(1)}(1)=\hat{x}^{(0)}(1)=x^{(0)}(1)=27260$，由 $\hat{x}^{(0)}(k+1)=\hat{x}^{(1)}(k+1)-\hat{x}^{(1)}(k)$，取 $k=1,2,3$，得

$$\hat{\boldsymbol{x}}^{(0)}=(\hat{x}^{(0)}(1),\hat{x}^{(0)}(2),\hat{x}^{(0)}(3),\hat{x}^{(0)}(4))=(27260,29553.4421,32336.4602,35381.5524).$$

3. 模型检验

模型的各种检验指标值的计算结果见表 15.3。经验证，该模型的精度较高，可进行预测和预报。

表 15.3 GM(1,1)模型检验表

年份	原始值	预测值	残差	相对误差	级比偏差
1997	27260	27260	0	0	
1998	29547	29553.4421	-6.4421	0.0002	-0.0095
1999	32411	32336.4602	74.5398	0.0023	0.0025
2000	35388	35381.5524	6.4476	0.0002	-0.0022

4. 预测值

2001—2005 年的预测值见表 15.4。

表 15.4 2001—2005 年的预测值

年份	2001	2002	2003	2004	2005
产值/万元	38713.3978	42358.9998	46347.9045	50712.4404	55487.9803

计算的 Matlab 程序如下：

```
clc,clear,format long g
x0=[27260  29547  32411  35388]';        %注意这里为列向量
n=length(x0);
lamda=x0(1:n-1)./x0(2:n)                 %计算级比
range=minmax(lamda')                     %计算级比的范围
theta=[exp(-2/(n+1)),exp(2/(n+1))]       %计算级比的容许区间
x1=cumsum(x0)                            %累加运算
B=[-0.5*(x1(1:n-1)+x1(2:n)),ones(n-1,1)];
Y=x0(2:n);
u=B\Y                                    %拟合参数u(1)=a,u(2)=b
syms x(t)
x=dsolve(diff(x)+u(1)*x==u(2),x(0)==x0(1));  %求微分方程的符号解
xt=vpa(x,6)                              %以小数格式显示微分方程的解
```

```
yuce1=subs(x,t,[0:n+4]);              % 求已知数据和未来5期的预测值
yuce1=double(yuce1);                  % 符号数转换成数值类型,否则无法作差分运算
yuce=[x0(1),diff(yuce1)]               % 差分运算,还原数据
epsilon=x0'-yuce(1:n)                 % 计算已知数据预测的残差
delta=abs(epsilon./x0')               % 计算相对误差
rho=1-(1-0.5*u(1))/(1+0.5*u(1))*lamda'  % 计算级比偏差值,u(1)=a
yhat=yuce(n+1:end)                    % 提取未来5期的预测值
writematrix([x0,yuce(1:n)',epsilon',delta',[0,rho]'],'data15_2.xls')
```

15.3 某商品的生产需要甲、乙两种原料,产品利润以及甲、乙两种原料的市场供给等数据如表15.5所列,试预测2004年甲的供应量为400kg,乙的供应量为500kg时的产品利润(要求建立灰色GM(1,N)模型)。

表15.5 原始数据表

年度	1990	2000	2001	2002	2003
i	1	2	3	4	5
产品利润/元	4383	7625	10500	11316	17818
甲原料/kg	83	131	180	195	306
乙原料/kg	146	212	233	259	404

解 GM(1,1)模型表示一阶的,一个变量的微分方程预测模型。GM(1,N)模型,表示一阶的,N个变量的微分方程预测模型,用于某个预测对象与$N-1$个因素有关系的时间序列预测。

这里有3个变量x_1,x_2,x_3,其中x_1表示利润(预测对象),x_2,x_3分别表示甲原料和乙原料的量,每个变量都有5个相互对应的历史数据,于是形成了3个原始数列:

$$\boldsymbol{x}_1^{(0)}=(x_1^{(0)}(1),x_1^{(0)}(2),x_1^{(0)}(3),x_1^{(0)}(4),x_1^{(0)}(5)),$$
$$\boldsymbol{x}_2^{(0)}=(x_2^{(0)}(1),x_2^{(0)}(2),x_2^{(0)}(3),x_2^{(0)}(4),x_2^{(0)}(5)),$$
$$\boldsymbol{x}_3^{(0)}=(x_3^{(0)}(1),x_3^{(0)}(2),x_3^{(0)}(3),x_3^{(0)}(4),x_3^{(0)}(5)).$$

记$x_i^{(1)}(i=1,2,3)$为$\boldsymbol{x}_i^{(0)}$的累加生成数列,这里

$$\boldsymbol{x}_1^{(1)}=(4383,12008,22508,33824,51642),$$
$$\boldsymbol{x}_2^{(1)}=(83,214,394,589,895),$$
$$\boldsymbol{x}_3^{(1)}=(146,358,591,850,1254).$$

$\boldsymbol{x}_1^{(1)}$的紧邻均值生成序列

$$\boldsymbol{z}_1^{(1)}=(z_1^{(1)}(2),z_1^{(1)}(3),z_1^{(1)}(4),z_1^{(1)}(4))$$
$$=(8195.5,17258,28166,42733),$$

于是有

$$\boldsymbol{B}=\begin{bmatrix} -z_1^{(1)}(2) & x_2^{(1)}(2) & x_3^{(1)}(2) \\ -z_1^{(1)}(3) & x_2^{(1)}(3) & x_3^{(1)}(3) \\ -z_1^{(1)}(4) & x_2^{(1)}(4) & x_3^{(1)}(4) \\ -z_1^{(1)}(5) & x_2^{(1)}(5) & x_3^{(1)}(5) \end{bmatrix}=\begin{bmatrix} -8195.5 & 214 & 358 \\ -17258 & 394 & 591 \\ -28166 & 589 & 850 \\ -42733 & 895 & 1254 \end{bmatrix},$$

$$Y = (x_1^{(0)}(2), x_1^{(0)}(3), x_1^{(0)}(4), x_1^{(0)}(5))^{\mathrm{T}},$$

所以

$$\hat{u} = \begin{bmatrix} a \\ b_2 \\ b_3 \end{bmatrix} = (B^{\mathrm{T}}B)^{-1}B^{\mathrm{T}}Y = \begin{bmatrix} 2.0357 \\ 135.2594 \\ -12.9571 \end{bmatrix},$$

得估计模型

$$\frac{\mathrm{d}x_1^{(1)}(t)}{\mathrm{d}t} + 2.0357 x_1^{(1)}(t) = 135.2594 x_2^{(1)}(t) - 12.9571 x_3^{(1)}(t),$$

及近似时间响应式

$$\hat{x}_1^{(1)}(k+1) = \left(x_1^{(0)}(1) - \frac{b_2}{a}x_2^{(1)}(k) - \frac{b_3}{a}x_3^{(1)}(k)\right)\mathrm{e}^{-ak}$$
$$+ \frac{b_2}{a}x_2^{(1)}(k) + \frac{b_3}{a}x_3^{(1)}(k)$$
$$= (4383 - 66.4434 x_2^{(1)}(k) + 6.3649 x_3^{(1)}(k))\mathrm{e}^{-2.0357k}$$
$$+ 66.4434 x_2^{(1)}(k) - 6.3649 x_3^{(1)}(k).$$

求解结果略。预测结果为 23406 元。

计算的 Matlab 程序如下：

```
clc, clear, format long g
x0 = [4383   7625   10500   11316   17818
      83    131    180    195    306
      146   212    233    259    404];
[m,n] = size(x0); x1_d = cumsum(x0,2)
x11 = x1_d(1,:)
z11 = 0.5 * (x11(1:end-1)+x11(2:end))
b = [-z11',x1_d(2,2:end)',x1_d(3,2:end)']
y = x0(1,2:end)', u = b\y
syms x1(t) x2 x3 a b2 b3 x10
x1 = dsolve(diff(x1)+a*x1 == b2*x2+b3*x3,x1(0) == x10);
x1 = subs(x1,{a,b2,b3,x10},{u(1),u(2),u(3),x0(1,1)});
x1_s1 = vpa(x1,9), x1_s2 = vpa(simplify(x1),9)   % 显示时间响应式
x1_s3 = vpa(expand(x1),9)                        % 展开显示时间响应式
x20 = [x0(2,:),400]; x30 = [x0(3,:),500];
x21 = cumsum(x20); x31 = cumsum(x30);
x1 = subs(x1,{t,x2,x3},{[0:n],x21,x31})          % 计算预测值的符号值
x1 = double(x1);                                 % 把符号值转化为 double 类型值
x10hat = [x1(1),diff(x1)]                        % 还原到原始数据
epsilon = x0(1,:)-x10hat(1:end-1)                % 计算残差
delta = abs(epsilon./x0(1,:))                    % 计算相对误差
xhat = x10hat(end), format
```

第 16 章 多目标规划和目标规划习题解答

16.1 试求解多目标线性规划问题
$$\max z_1 = 3x_1 + x_2,$$
$$\max z_2 = x_1 + 2x_2,$$
$$\text{s.t.} \begin{cases} x_1 + x_2 \leq 7, \\ x_1 \leq 5, \\ x_2 \leq 5, \\ x_1, x_2 \geq 0. \end{cases}$$

解 使用加权法求解上述目标规划问题，两个目标函数的权重都取为 0.5，即求解如下线性规划问题：
$$\max z = 0.5(3x_1 + x_2) + 0.5(x_1 + 2x_2),$$
$$\text{s.t.} \begin{cases} x_1 + x_2 \leq 7, \\ x_1 \leq 5, \\ x_2 \leq 5, \\ x_1, x_2 \geq 0. \end{cases}$$

利用 Matlab 求得目标规划规划的满意解为
$$x_1 = 5, x_2 = 2,$$

对应目标函数的值 $z_1 = 17, z_2 = 9$。

计算的 Matlab 程序如下：

```
clc, clear
prob=optimproblem('ObjectiveSense','max');
x=optimvar('x',2,'LowerBound',0);
c1=[3,1]; c2=[1,2];
prob.Objective=0.5*(c1*x+c2*x);
prob.Constraints=[sum(x)<=7; x<=5];
[sol,fval]=solve(prob), xx=sol.x
z1=c1*xx, z2=c2*xx
```

16.2 某学校规定，运筹学专业的学生毕业时必须至少学习过两门数学课、三门运筹学课和两门计算机课。这些课程的编号、名称、学分、所属类别和先修课要求如表 16.1 所示。那么，毕业时学生最少可以学习这些课程中的哪些课程？

如果某个学生既希望选修课程的数量少，又希望所获得的学分多，他可以选修哪些课程？

表 16.1 课程情况

课程编号	课程名称	学分	所属类别	先修课要求
1	微积分	5	数学	
2	线性代数	4	数学	
3	最优化方法	4	数学;运筹学	微积分;线性代数
4	数据结构	3	数学;计算机	计算机编程
5	应用统计	4	数学;运筹学	微积分;线性代数
6	计算机模拟	3	计算机;运筹学	计算机编程
7	计算机编程	2	计算机	
8	预测理论	2	运筹学	应用统计
9	数学实验	3	运筹学;计算机	微积分;线性代数

解 引进 0-1 变量

$$x_i = \begin{cases} 1, & \text{选修编号 } i \text{ 的课程}, \\ 0, & \text{不选修编号 } i \text{ 的课程}, \end{cases} i = 1, 2, \cdots, 9.$$

(1) 问题的目标为选修的课程总数最少,即

$$\min z_1 = \sum_{i=1}^{9} x_i, \tag{16.1}$$

约束条件包括两个方面:

① 每人最少要学习 2 门数学课、3 门运筹学课和 2 门计算机课。根据表中对每门课程所属类别的划分,这一约束可以表示为

$$x_1 + x_2 + x_3 + x_4 + x_5 \geqslant 2, \tag{16.2}$$

$$x_3 + x_5 + x_6 + x_8 + x_9 \geqslant 3, \tag{16.3}$$

$$x_4 + x_6 + x_7 + x_9 \geqslant 2. \tag{16.4}$$

② 某些课程有先修课程的要求。例如"最优化方法"的先修课是"微积分"和"线性代数",这个条件可以表示为 $x_3 \leqslant x_1, x_3 \leqslant x_2$。类似地,所有课程的先修课要求可表为如下的约束:

$$x_3 \leqslant x_1, \ x_3 \leqslant x_2, \tag{16.5}$$

$$x_4 \leqslant x_7, \tag{16.6}$$

$$x_5 \leqslant x_1, \ x_5 \leqslant x_2, \tag{16.7}$$

$$x_6 \leqslant x_7, \tag{16.8}$$

$$x_8 \leqslant x_5, \tag{16.9}$$

$$x_9 \leqslant x_1, \ x_9 \leqslant x_2. \tag{16.10}$$

综上所述,建立以式(16.1)为目标函数,以式(16.2)~(16.10)为约束条件的 0-1 整数规划模型。利用 Matlab 软件,求得模型的最优解为

$$x_1 = x_2 = x_3 = x_5 = x_7 = x_9 = 1, \text{其他 } x_i = 0.$$

对照课程编号,它们是微积分、线性代数、最优化、应用统计、计算机编程、数学实验,共 6 门课程,总学分为 22。

(2) 记编号 i 课程的学分为 $c_i (i = 1, 2, \cdots, 9)$。如果一个学生既希望选修课程数少,

又希望所获得的学分数尽可能多,则除了目标(16.1)之外,还应根据表 16.1 中的学分数写出另一个目标函数,即

$$\max z_2 = \sum_{i=1}^{9} c_i x_i. \quad (16.11)$$

从而建立以式(16.1)、(16.11)为目标函数,以式(16.2)~(16.10)为约束条件的双目标规划模型。

我们用加权法求解上述双目标规划问题。设目标函数(16.1)、(16.11)的权重分别为 $1-w$, $w(0 \leqslant w \leqslant 1)$,即求解如下 0-1 整数规划模型:

$$\min z_3 = (1-w)\sum_{i=1}^{9} x_i - w\sum_{i=1}^{9} c_i x_i,$$

$$\text{s. t.} \begin{cases} x_1 + x_2 + x_3 + x_4 + x_5 \geqslant 2, \\ x_3 + x_5 + x_6 + x_8 + x_9 \geqslant 3, \\ x_4 + x_6 + x_7 + x_9 \geqslant 2, \\ x_3 \leqslant x_1, x_3 \leqslant x_2, \\ x_4 \leqslant x_7, \\ x_5 \leqslant x_1, x_5 \leqslant x_2, \\ x_6 \leqslant x_7, \\ x_8 \leqslant x_5, \\ x_9 \leqslant x_1, x_9 \leqslant x_2, \\ x_i = 0 \text{ 或 } 1, i = 1,2,\cdots,9. \end{cases}$$

我们分别取 $w=0.1,0.2,0.3,0.4$ 四个有代表性的权重,计算结果如下:

① $w=0.1$ 时,求得的满意解为

$$x_1 = x_2 = x_3 = x_5 = x_6 = x_7 = 1, \text{其他 } x_i = 0,$$

共 6 门课程,总学分 22 分。说明(1)的最优解不唯一。

② $w=0.2$ 时,求得的满意解为

$$x_1 = x_2 = x_3 = x_5 = x_7 = x_9 = 1, \text{其他 } x_i = 0,$$

共 6 门课程,总学分为 22。

③ $w=0.3$ 时,求得的满意解为

$$x_1 = x_2 = \cdots = x_7 = x_9 = 1, \ x_8 = 0,$$

共 8 门课程,总学分为 28 学分。

④ $w=0.4$ 时,求得的满意解为

$$x_1 = x_2 = \cdots = x_9 = 1,$$

9 门课全部选修,总学分为 30 学分。

计算的 Matlab 程序如下:

```
clc, clear, prob=optimproblem;
x=optimvar('x',9,'LowerBound',0,'UpperBound',1,'Type','integer');
c=[5,4,4,3,4,3,2,2,3];
prob.Objective=sum(x);
```

```
con = [2<=sum(x(1:5)); 3<=x(3)+x(5)+x(6)+x(8)+x(9)
       2<=x(4)+x(6)+x(7)+x(9); x(3)<=x(1)
       x(3)<=x(2); x(4)<=x(7)
       x(5)<=x(1); x(5)<=x(2)
       x(6)<=x(7); x(8)<=x(5)
       x(9)<=x(1); x(9)<=x(2)];
prob.Constraints.con=con;
[sol, fval]=solve(prob), xx=sol.x
f=c*xx   % 计算总学分

for w=0.1:0.1:0.4
    prob2=optimproblem;
    prob2.Objective=(1-w)*sum(x)-w*sum(c*x);
    prob2.Constraints.con=con;
    fprintf('权重 w=%.1f 时的计算结果如下:\n', w)
    [sol2,fval2]=solve(prob2), xx=sol2.x
    f1=sum(xx), f2=c*xx
end
```

16.3 一个小型的无线电广播台考虑如何最好地安排音乐、新闻和商业节目的时间。依据法律,该台每天允许广播 12h,其中商业节目用以赢利,每分钟可收入 250 美元,新闻节目每分钟需支出 40 美元,音乐节目每分钟费用为 17.50 美元。法律规定,正常情况下商业节目只能占广播时间的 20%,每小时至少安排 5min 新闻节目。问每天的广播节目该如何安排?优先级如下:

p_1:满足法律规定的要求;

p_2:每天的纯收入最大。

试建立该问题的目标规划模型。

解 设安排商业节目时间 x_1 分钟,新闻节目时间 x_2 分钟,音乐节目时间 x_3 分钟,该问题的目标规划模型为

$$\min z = p_1(d_1^- + d_1^+ + d_2^- + d_2^+ + d_3^-) + p_2 d_4^-,$$

$$\text{s. t.} \begin{cases} x_1 + x_2 + x_3 + d_1^- - d_1^+ = 12 \times 60, \\ x_1 + d_2^- - d_2^+ = 12 \times 60 \times 20\%, \\ x_2 + d_3^- - d_3^+ = 5 \times 12, \\ 250x_1 - 40x_2 - 17.5x_3 + d_4^- - d_4^+ = 36000, \\ x_1, x_2, x_3, d_1^-, d_1^+, d_2^-, d_2^+, d_3^-, d_3^+, d_4^-, d_4^+ \geq 0. \end{cases}$$

其中 36000 为每天收入的上限 $250 \times 60 \times 12 \times 20\% = 36000$ 美元。

求得 $x_1=144, x_2=60, x_3=516, d_4^-=11430, d_4^+=0$,每天的纯收入为 $36000-d_4^-=24570$ 美元。

计算的 Matlab 程序如下:

```
clc, clear, format long g
x=optimvar('x',3,1,'LowerBound',0);
```

```
dp=optimvar('dp',4,1,'LowerBound',0);
dm=optimvar('dm',4,1,'LowerBound',0);
p=optimproblem;
a=[1,1,1;1,0,0;0,1,0;250,-40,-17.5];
b=[720;720*0.2;60;36000];
p.Constraints.con1=[a*x+dm-dp==b];
goal=100000*ones(2,1);
mobj=[sum(dm(1:3))+sum(dp(1:2));dm(4)]
for i=1:2
    p.Constraints.con2=[mobj<=goal];
    p.Objective=mobj(i);
    fprintf('第%d级目标计算结果如下:\n', i)
    [sol,fval]=solve(p)
    xx=sol.x, sdp=sol.dp, sdm=sol.dm
    goal(i)=fval;
end
format
```

16.4 某工厂生产两种产品,每件产品Ⅰ可获利 10 元,每件产品Ⅱ可获利 8 元。每生产一件产品Ⅰ,需要 3h;每生产一件产品Ⅱ,需要 2.5h。每周总的有效时间为 120h。若加班生产,则每件产品Ⅰ的利润降低 1.5 元;每件产品Ⅱ的利润降低 1 元,加班时间限定每周不超过 40h。决策者希望在允许的工作及加班时间内取得最大利润,试建立该问题的目标规划模型并求解。

解 设在允许的工作时间内产品Ⅰ生产 x_1 件,产品Ⅱ生产 x_2 件;在加班时间内产品Ⅰ生产 x_3 件,产品Ⅱ生产 x_4 件。

建立如下的目标规划模型:

$$\min\ p_1(d_1^-+d_2^-)+p_2d_3^-,$$

$$\text{s.t.}\begin{cases}3x_1+2.5x_2+d_1^-=120,\\3x_1+2.5x_2+3x_3+2.5x_4+d_2^-=160,\\10x_1+8x_2+8.5x_3+7x_4+d_3^-=640,\\d_i^-\geqslant 0,\ i=1,2,3;\ x_i\geqslant 0\ \text{且为整数},\ i=1,2,3,4.\end{cases}$$

其中第 3 个约束右边的 640 为利润的上界,由于无论生产产品Ⅰ或Ⅱ,每小时的赢利不超过 4 元,每周的生产时间不超过 160h,因而最大利润不超过 640 元。

求得 $x_1=40, x_2=0, x_3=10, x_4=4, d_1^-=0, d_2^-=0, d_3^-=127$,即产品Ⅰ生产 50 件,产品Ⅱ生产 4 件时,总的利润最大,最大利润为 $640-d_3^-=513$ 元。

计算的 Matlab 程序如下:

```
clc, clear
x=optimvar('x',4,1,'LowerBound',0,'Type','integer');
d=optimvar('d',3,1,'LowerBound',0);
p=optimproblem;
a=[3,2.5,0,0;3,2.5,3,2.5;10,8,8.5,7];
```

```
b=[120;160;640];
p.Constraints.con1=a*x+d==b;
goal=100000*ones(2,1);
mobj=[d(1)+d(2);d(3)];
for i=1:2
    p.Constraints.cons2=[mobj<=goal];
    p.Objective=mobj(i);
    fprintf('第%d级目标计算结果如下:\n', i)
    [sol,fval]=solve(p)
    xx=sol.x, dd=sol.d
    goal(i)=fval;
end
```

16.5 某节能灯具厂接到了订购 16000 套 A 型和 B 型节能灯具的订货合同,合同中没有对这两种灯具各自的数量做要求,但合同要求工厂在一周内完成生产任务并交货。根据该厂的生产能力,一周内可以利用的生产时间为 20000min,可利用的包装时间为 36000min。生产完成和包装完成一套 A 型节能灯具各需要 2min;生产完成和包装完成一套 B 型节能灯具分别需要 1min 和 3min。每套 A 型节能灯具成本为 7 元,销售价为 15 元,即利润为 8 元;每套 B 型节能灯具成本为 14 元,销售价为 20 元,即利润为 6 元。厂长首先要求必须要按合同完成订货任务,并且既不要有不足量,也不要有超过量;其次要求满意的销售额尽量达到或接近 275000 元;最后要求在生产总时间和包装总时间上可以有所增加,但超过量尽量地小。同时注意到增加生产时间要比增加包装时间困难得多。试为该节能灯具厂制订生产计划。

解 根据问题的实际情况,首先分析确定问题的目标及优先级。

第一优先级目标:恰好生产和包装完成节能灯具 16000 套,赋予优先因子 p_1。

第二优先级目标:完成或尽量接近销售额为 275000 元,赋予优先因子 p_2。

第三优先级目标:生产时间和包装时间的增加量尽量地小,赋予优先因子 p_3。

然后建立相应的目标约束,在此,假设决策变量 x_1、x_2 分别表示 A 型和 B 型节能灯具的数量。

(1) 关于生产数量的目标约束。用 d_1^- 和 d_1^+ 分别表示未达到和超额完成订货指标 16000 套的偏差量,因此目标约束为

$$\min z_1 = d_1^- + d_1^+,$$
$$\text{s. t. } x_1 + x_2 + d_1^- - d_1^+ = 16000.$$

(2) 关于销售额的目标约束。用 d_2^- 和 d_2^+ 分别表示未完成和超额完成满意销售指标值 275000 元的偏差量。因此目标约束为

$$\min z_2 = d_2^-,$$
$$\text{s. t. } 15x_1 + 20x_2 + d_2^- - d_2^+ = 275000.$$

(3) 关于生产和包装时间的目标约束。用 d_3^- 和 d_3^+ 分别表示减少和增加生产时间的偏差量,用 d_4^- 和 d_4^+ 分别表示减少和增加包装时间的偏差量。由于增加生产时间要比增加包装时间困难得多,可取二者的加权系数为 0.6 和 0.4。因此目标约束为

$$\min z_3 = 0.6 d_3^+ + 0.4 d_4^+,$$

$$\text{s. t.} \begin{cases} 2x_1+x_2+d_3^- -d_3^+ =20000, \\ 2x_1+3x_2+d_4^- -d_4^+ =36000. \end{cases}$$

综上所述,我们可以得到这个问题的目标规划模型:

$$\min z = p_1(d_1^- + d_1^+) + p_2 d_2^- + p_3(0.6d_3^+ + 0.4d_4^+),$$

$$\text{s. t.} \begin{cases} x_1+x_2+d_1^- -d_1^+ =16000, \\ 15x_1+20x_2+d_2^- -d_2^+ =275000, \\ 2x_1+x_2+d_3^- -d_3^+ =20000, \\ 2x_1+3x_2+d_4^- -d_4^+ =36000, \\ x_1,x_2,d_i^-,d_i^+ \geqslant 0,\ i=1,2,3,4. \end{cases}$$

求得的满意解是节能灯具厂生产 A 型灯具 4000 套,B 型灯具 12000 套,生产时间不需增加,而包装时间需增加 8000min,该工厂就可完成 16000 套节能灯具的任务,工厂超过预期的销售总额 275000 元,超额量为 25000 元,可以获得利润 104000 元。

求解上述目标规划的 Matlab 程序如下:

```
clc, clear, format long g
x=optimvar('x',2,1,'LowerBound',0);
dp=optimvar('dp',4,1,'LowerBound',0);
dm=optimvar('dm',4,1,'LowerBound',0);
p=optimproblem;
con1=[x(1)+x(2)+dm(1)-dp(1)==16000
    15*x(1)+20*x(2)+dm(2)-dp(2)==275000
    2*x(1)+x(2)+dm(3)-dp(3)==20000
    2*x(1)+3*x(2)+dm(4)-dp(4)==36000];
p.Constraints.con1=con1;
goal=1000000*ones(3,1);
mobj=[dm(1)+dp(1);dm(2);0.6*dp(3)+0.4*dp(4)];
for i=1:3
    p.Constraints.con2=mobj<=goal;
    p.Objective=mobj(i);
    fprintf('第%d级目标计算结果如下:\n', i)
    [sol,fval]=solve(p)
    xx=sol.x, sdm=sol.dm, sdp=sol.dp
    goal(i)=fval;
end
profit=[8,6]*xx   % 计算利润
format
```

参 考 文 献

[1] 胡运权. 运筹学习题集[M]. 3版. 北京:清华大学出版社,2002.
[2] 姜启源,谢金星,叶俊. 数学建模(第三版)习题参考解答[M]. 北京:高等教育出版社,2002.
[3] 齐欢. 数学模型方法[M]. 武汉:华中理工大学出版社,2005.
[4] 董雪. 障碍Voronoi图性质及其应用研究[D]. 哈尔滨:哈尔滨理工大学,2011.
[5] 谢金星,薛毅. 优化建模与LINDO/LINGO软件[M]. 北京:清华大学出版社,2005.
[6] 李工农,阮晓青,徐晨. 经济预测与决策及其MATLAB实现[M]. 北京:清华大学出版社,2007.
[7] 孙玺菁,司守奎. MATLAB的工程数学应用[M]. 北京:国防工业出版社,2017.
[8] 司宛灵,孙玺菁. 数学建模简明教程[M]. 北京:国防工业出版社,2019.